BOOKS LIFE

斑马書房

我　　思　　故　　我　　在

学会发脾气，才能好情绪

［日］安藤俊介 著

姚奕崴 译

「怒り」を生かす

実践アンガーマネ

ジメント

光明日报出版社

图书在版编目（CIP）数据

学会发脾气，才能好情绪 ／（日）安藤俊介著；姚奕崴译． -- 北京：光明日报出版社，2025.6. -- ISBN 978-7-5194-8792-8

Ⅰ．B842.6

中国国家版本馆CIP数据核字第2025J243C7号

[Ikari] wo Ikasu Jissen Anger Management
by Shunsuke Andou
All rights reserved
Original Japanese language edition published by Asahi Shimbun Publications Inc.
Simplified Chinese translation rights arranged with Asahi Shimbun Publications Inc.
through Hanhe International (HK) Co., Ltd.

北京市版权局著作权合同登记号　图字：01-2025-2091

学会发脾气，才能好情绪
XUE HUI FA PI QI, CAI NENG HAO QING XU

著　者：[日] 安藤俊介
译　者：姚奕崴

责任编辑：王　娟　　　　　　　　　　责任校对：孙　展
特约编辑：李东旭　　　　　　　　　　责任印制：曹　净
封面设计：于沧海

出版发行：光明日报出版社
地　　址：北京市西城区永安路106号，100050
电　　话：010-63169890（咨询），010-63131930（邮购）
传　　真：010-63131930
网　　址：http://book.gmw.cn
E - mail：gmrbcbs@gmw.cn
法律顾问：北京市兰台律师事务所龚柳方律师
印　　刷：天津鑫旭阳印刷有限公司
装　　订：天津鑫旭阳印刷有限公司
本书如有破损、缺页、装订错误，请与本社联系调换，电话：010-63131930

开　　本：146mm×210mm　　　　　　印　　张：7.5
字　　数：120千字
版　　次：2025年6月第1版
印　　次：2025年6月第1次印刷
书　　号：ISBN 978-7-5194-8792-8
定　　价：49.80元

第2章

被生活琐事激怒的时候
应该怎么办？

第3章　勃然大怒或是怒不可遏的时候应该怎么办？

第5章

8个好习惯助你成为善用愤怒的人

　　某个地方有两个上班族——A先生和B先生，他们在同一家公司工作。

　　A先生的一天是这样的——

　　早晨，上班路上，一个行色匆匆的上班族从后面狠狠地撞了他一下，连一句道歉的话都没说就扬长而去。

　　"怎么还能遇到这种事！"A先生很生气。

　　等A先生赶到车站，他又发现电车因为事故晚点了。

　　他在站台上心急如焚地左等右等，但是连电车的影子都看不见——真的来不及了！

过了好久电车终于来了，却又人满为患。A先生第一次如此疲惫不堪地抵达公司，由于迟到10分钟，他拿着电车晚点证明向上司汇报。

结果上司将他数落一番——"如果你早点出门，不就不会迟到了吗？怎么总觉得你这人做起事来考虑不周呢？"

他听罢愤愤不平，语气里带着十足的火气，对着上司丢下一句"对不起"。

A先生一边工作，一边满腹牢骚——今天净遇到生气事——这时，他接到了客户的电话，要求调整交货日期。

交货日期一变，势必牵一发而动全身，许多地方都要相应调整。

怎奈对方是客户，A先生只得强压着怒火，答应了对方的要求。

然而在协调客户交货日期的时候，公司其他部门的负责人又对他抱怨道："哎？！怎么又要变呀？这不是给我们添麻烦吗？"

听到这话，忍无可忍的 A 先生发作了。

"我有什么办法！客户这么要求的。你以为我想变来变去的吗？"

A 先生就这样怒气冲冲地工作了一整天，终于熬到了下班时间。

在回家的电车上，他仍然余怒未消，上司和客户的脸又浮现在他的眼前。

"这个顶头上司说话总是这么讨人厌！"

"那个客户真是反复无常！对待工作怎么能这么不负责任！"

回家以后，妻子絮絮叨叨地和 A 先生聊起了闲话。

他耐不住性子吼道："烦死了！没看到我很累吗？"

B 先生的一天是这样的——

早晨，上班路上，一个行色匆匆的上班族从后面狠狠地撞了他一下，连一句道歉的话都没说就扬长而去。

"这人很着急啊。"B 先生并没有多想，很快转移了思绪，沉浸在"今天应该先从哪一项工作做起"的思考之中。

等B先生到达车站，他也发现电车因为事故晚点了。

"电车不来，我也没办法呀。"B先生稍加思索，便走出了车站，决定步行前往另一条线路，顺便利用这个难得的机会弥补一下平时运动不足的缺憾。他走在路上，陌生的风景令他新奇不已，也激发了新的工作灵感。

终于，他抵达了另一条线路，坐上了电车。到公司后，由于迟到10分钟，他拿着电车晚点证明向上司汇报。

结果上司将他数落一番——"如果你早点出门，不就不会迟到了吗？怎么总觉得你这人办事不留余地呢？"

听到这句话的那一刻，B先生也有些恼火，但他依旧恭恭敬敬地鞠躬致歉："对不起，以后我会注意的。"

"这个上司本来就是心直口快的人。不必放在心上。况且他说让我早点出门也有道理。下次我不妨就早一些吧。偶尔像今天这样换一条路走走也挺好的。"

回想今天充满新鲜感的漫步，B先生神清气爽地开始工作。这时，他接到了客户的电话，要求调整交货日期。

交货日期一变，势必牵一发而动全身，许多地方都要相应调整。

火气一瞬间蹿上心头，但是B先生转念一想："工作中变来变去是不可避免的。"于是B先生爽快地告诉对方没有问题。

不过，交货日期的调整确实会给其他人带来不便。

因此他又温和礼貌地提醒对方说："咱们这里调整没有关系，但难免要麻烦其他部门，成本和工作量也会增加。希望后续不要再有调整。"

在协调客户交货日期的时候，公司其他部门的负责人对他抱怨道："哎?！怎么又要变呀？这不是给我们添麻烦吗？"

对此，B先生诚恳地拜托对方："对不起，这是客户临时提出来的，确实给您添麻烦了，还望多多体谅！"

B先生并没有因为这些事情影响之后的情绪，而是像往常一样完成工作，迎来了下班时间。

在回家的电车上，他复盘当天工作，总结经验和教训，而且对回家后的晚餐充满期待。

回家以后，妻子絮絮叨叨地和B先生聊起了闲话。

B先生虽然也觉得妻子聊起来没完没了，但又一想，她在家一天忙东忙西，也很不容易，于是很有耐心地聆听下去。

请问：

A先生和B先生，谁的生活更富有建设性，更加充实，更加幸福呢？

学会发脾气，才能好情绪

前言

大家好。我是日本 *Anger Management* 协会会长安藤俊介。

如果你对"*Anger Management*"一词不熟悉，请允许我简单解释一下，它是一种正确处理愤怒情绪的心理训练。

"*Anger*"意为愤怒，"*Management*"意为"管理"。

我首次接触愤怒管理是在 2003 年。当时我正在美国纽约工作。

那时候我时常会因为身边一些鸡毛蒜皮的小事而感到

心烦意乱，动辄暴跳如雷，至关重要的人际关系也很不融洽。

与开篇故事中的A先生如出一辙，完全处于一种被愤怒掌控的状态。

因此，当我开始学习愤怒管理的时候，我不禁感慨万千。

原来我们可以用如此理性而且简单易行的方式来对待愤怒这种情绪。

这让我大开眼界。

自从我开始参加愤怒管理讲习班，我真切地感受到自己正在迅速转变为一个不爱生气的人，而且我学会了怎样用正确的方式表达愤怒。

当我结束讲习班培训并获得*Facilitator*（导师）资质的时候，我已经像B先生那样，完全蜕变为一个不会被愤怒掌控的人了。

没错，开篇故事当中的A先生和B先生其实都是我。

也正因为如此，我才有底气断言——如果问我哪一位更有干劲，更富有建设性，生活更加充实幸福，那么毋庸置疑是B先生。

愤怒管理让我体验到了自身翻天覆地的变化。2008年，我回到了日本。此后，我就一直一步一个脚印地在日本推广愤怒管理。仰仗各方支持，愤怒管理逐步为大众所接受。

2011年，我成立了日本愤怒管理协会。截至2019年，该协会已拥有约8000名讲师。

在此期间，我也有幸利用讲座、培训、写作和电视节目等各种机会宣传愤怒管理。

目睹许多人为愤怒所困，让我产生了一些想法。

首先，要尽可能避免因为微不足道的事情而急躁焦虑。

不要小看日常生活中的小脾气、小情绪，经过日积月累，它们也会对你的生活产生巨大影响。

电车迟迟不来，收银机慢慢吞吞，下属把你的话当耳旁风，上司讲话又臭又长……倘若每一件类似的事情都让你气不打一处来，那么，你自己首先会因此疲惫不堪，进而这些火气还会成为矛盾的发端，导致人际关系出现裂痕，对你和你身边的人带来负面影响。

也许有些人会问："下定决心不再'生气'不就好了吗？"可是事实没有想象的这么简单。

当你决定无论发生什么事情都不生气的时候，会发生什么呢？

很多人都会把怒气憋在心里。

这样反而会给自己造成巨大的压力和负担。

最终可能会影响身体健康，患上抑郁症等心理疾病。

这种负担和压力还可能导致其他危害。

开篇故事里的A先生因为上司的冷嘲热讽，以及与客户的矛盾而积压了大量怒气，最后将其发泄在了同事和妻子身上。

很多人和A先生一样，一味压抑自己的愤怒，结果却将其宣泄在其他地方，比如更弱势的人，或是亲朋好友身上。

因为不能正确表达愤怒而把愤怒憋在心里，同样是被愤怒掌控。

而且在本该发怒的时候不能正确地发怒，对你的生活来说也是一种损失。

日本人尤其如此。

几年前，一句"人若犯我，我必以牙还牙，加倍奉还"的电视剧台词铺天盖地地流行开来。看到这种社会现象级的风潮，我不禁萌生了这样的想法：

"日本人内心深处同样会产生愤怒的情绪，但是他们不善于将其表达出来。所以当他们看到主人公斩钉截铁地说要'加倍奉还'的时候，他们才会与之共情，有一种如释重负的感觉。"

纵观近年来的日本社会，我觉得人们对生气、不予谅解的评价，明显比不生气、给予谅解更加消极。

其实从本质上来讲，两者都是正常的情绪反应。

只是与美国人相比，日本人更不擅长在本该生气的时候生气，而是习惯于把怒气憋在心里。在指导美国人进行愤怒管理时，因为美国人易怒，所以我们会首先教育引导他们不要生气。

不只是美国人，同为东方人的中国人的性格也与美国人相似，稍有不爽便会表达出来。

但以全球的标准来考量日本人，显然他们这种不善于表达愤怒、将愤怒憋在心里的表现属于少数派。

今后，全球化进程必将日新月异。在这个跨国往来日渐增多的世界，不善于表达愤怒的日本人会遇到哪些问题呢？

如果一味忍气吞声，在本该发怒的时候不发怒，就等同于默认对方的主张。单纯压抑愤怒不能从根本上解决问题。

我们需要掌握正确表达愤怒的方法。

在日本，人们一向把知足常乐、在各自的位置上发光发热视为美德。

这些话如果是神职人员说出来的清规戒律，自然无可厚非。对于那些穷奢极欲、天生大富大贵之人来说，这些话也不失为一种良好的规劝。

然而，我认为不应该用同样的一番话来约束世上那些身陷不公正境地、遭受不合理对待等处于弱势地位的人。

这样的道德要求无法帮助他们改变、改善现状。

起五更爬半夜、却只能获得微薄薪水的人，被上司用权力胁迫骚扰的人，被他人恶意攻击的人，这些人没必要继续在各自的位置上发光发热。

相反地，他们需要学会正确表达愤怒的方法。

愤怒表现的是一种坚定的信念，例如我不能用这种方式工作、这个条件会让我们蒙受损失、你的办事方式会损害我的身心健康。

愤怒表达的也是一种感受，例如我很难受、我很煎熬、我很痛苦。

能够恰当地将所思所想表达出来，也是善用愤怒的人不可或缺的一项技能。

我相信这种善用愤怒的人正是当今时代所需要的人才。

之所以说当今所需，是因为以下三点。

第一点是忙碌。

日本目前正面临出生率下降、人口老龄化和经济下滑的问题。因此，社会需要提高生产率，也就是用更少的人做更多的事。而且这不只限于工作，男性和女性还要兼顾家庭和生活，例如一边上班一边抚养子女、赡养老人。

这些状况所造就的忙碌很容易引发愤怒。

第二点是科技进步。

科技进步为生活带来便利和舒适的同时，也降低了我们对不方便和不舒适的容忍度。

你身边是不是有人因为电子邮件没有立即得到回复、火车晚点导致航班延误而大动肝火？是不是有人因为习惯了应有尽有的便利店，偶尔有一次买不到称心如意的商品就大发雷霆？

科技进步削弱了我们对不方便、不舒适的忍耐力，这往往会制造不满和不悦。

第三点要提到的是全球化。

很多愤怒都源自价值观的差异和风俗习惯的差异，正文部分还将围绕这一原因进行详述。

以出国旅游为例，日本人大都经历过这样的事情——因为公共交通工具不像国内那样分秒不差而感到心烦意乱，或者因为宾馆、饭店漫不经心的服务态度而大为震怒。

价值观和风俗习惯迥异的人们在相互沟通交流时往往伴随着暴躁的情绪。

现在正值全球化进程日新月异，不同的价值观和风俗习惯的碰撞势必有增无减。

倘若不能掌握沟通的技巧，在沟通中做不到求同存异，那么这些差异无疑将演变为引发愤怒的一个重要原因。

本书的创作初衷不单是为了满足"不再生气、学会好好生气"的个人需求，也旨在探究在当今日本，如何成为一个善用愤怒的人。

第1章介绍的是我对被愤怒掌控、善用愤怒这两类不同人群的思考。

第2章介绍的是如何消灭微不足道的愤怒。

为每一件生活琐事而发脾气，无疑会浪费你的时间和精力。你应当尽可能地克制这种行为。对小事发火，久而久之就像患上了花粉症，一丁点儿花粉也会让你反应过度。过敏症状会消耗你的生命。我们何不改善一下自己的身体素质呢？

第3章介绍的是当你的内心无比愤怒，或是积攒的怒气无处宣泄的时候，应当如何应对。在这一章，我们将共同探讨如何看待和了解自己的愤怒，以及如何将这种能量调整到更有建设性、更为健康的方向。

第4章介绍的是常见于日本社会的有火发不出的问题。当然，我并不是让你盲目地发泄愤怒，但如果你不能在正确的时机坚定地表达自我，这对于你的人生将是一种损失。我相信，随着价值观日益多元化和全球化，这终将成为一项人人所必需的技能。

第5章，也是最后一章，介绍的是我们想要成为善用愤怒的人，应该在日常生活中培养哪些思维方式和习惯。

我会提供一些有助于各位读者实践本书内容的窍门。

请问，你想成为哪一种人——被愤怒掌控的人，还是善用愤怒的人呢？

衷心希望这本书能够帮助你成为一个善用愤怒的人。

「怒り」を生かす
実践アンガーマネジメント

第 1 章

被愤怒掌控的人和善用愤怒的人
有哪些不同?

不被愤怒左右的人都有一颗坚定的心

　　2015年年底，我担任会长的日本愤怒管理协会设立了愤怒管理大奖，以问卷调查的方式评选善于控制、处理愤怒情绪的名人。

　　获得第一届大奖的是职业足球运动员，绰号"知皇"的三浦知良。

　　三浦知良之所以能够获奖，是因为以下这则逸事。

　　棒球评论员张本勋在电视节目 *Sunday Morning* 当中曾这样点评时年48岁但仍在J2联赛奋战的"知皇"——还是别再踢了，是时候让位给年轻人了。

作为一名高龄足球运动员，三浦知良在面对这种公然要求他退役的喊话时，非但没有予以回击，反而做出了如下回应：

"我认为这是在激励我继续进步，我要继续努力。""我觉得（张本勋）是要我更努力一些，（张本勋）当初是棒球界的巨人，是当之无愧的王者。能够得到他的激励，我更要拼搏下去。"（2015年4月20日《朝日新闻》报道）

这种成熟的回应博得了潮水般的赞誉。事后，张本勋也在新一期节目中对三浦知良不吝溢美之词，称赞道："一般人肯定会反唇相讥。他能够这样看待我的言论，实在令人钦佩。"而且张本勋也收回了之前的评价，改口表示："（退役）遵从个人意愿。我永远支持他。"

三浦知良的做法也让我受益匪浅。

最让我感慨的不是"不要为对方蛮横无理的言行（张本勋的点评）而生气"，也不是"将愤怒转变为正能量"（将愤怒转化为踢球的动力），而是"把曾经对自己妄加评判的人变成自己的朋友"（张本勋亲口表示"支持"）。

即便对方的言论和态度如此不逊，三浦知良也在云淡风轻之间化敌为友，这怎能不让人有一种醍醐灌顶的感触！

他的回应可谓精彩绝伦，堪称善用愤怒的典范。

除此以外，在协会收到的问卷当中，"知皇"获奖其实还有另一个理由，那就是他的回应并未伤害张本勋的颜面。

释迦牟尼有云："不以谩骂回应谩骂的人，才能赢得最终的胜利。"

这句话正是"知皇"的写照。

是什么让"知皇"采取了这种无可挑剔的处理方式？对此我也进行了一番思考。

以我粗浅的看法，三浦知良的所作所为都围绕着一个核心的信念，那就是坚持不懈地踢足球，直到自己想歇歇脚为止。

足球是"知皇"毕生的事业。他不仅不想和张本勋产生任何矛盾，而且正因为他为自己是一名职业足球运动员而骄傲，他对同样曾是职业棒球运动员并在赛场上大放异彩的张本勋也充满敬意。

自己最重要的事情就是作为一名现役足球运动员不断延续职业生涯。

这份纯粹而坚定的内心才是三浦知良能够正确处理愤怒情绪的根本原因。

因此，他不但把张本勋辛辣的点评转变为踢球的动力，还把梦想的拦路人（张本勋）本人变成了自己的球迷。

不要用愤怒回应愤怒。

要明确自己的终极目的，所作所为都

要围绕着这个核心。

覆水难收，谨遵孙子教诲

上一节"知皇"的处事方式境界之高，一般人难以企及。

不过，我们只要下定决心，不去犯那些被愤怒掌控的人常犯的错误，生活自然也会发生改变。

那么，被愤怒掌控的人最常犯的错误是什么呢？

这就是一时冲动的言行对人际关系和事物造成不可逆转的破坏。

愤怒管理诞生于20世纪70年代的美国，曾是帮助罪犯改过自新的系统项目的核心环节之一。

在罪犯的供述中，有一句话他们常常挂在嘴边——

一下子没忍住，这也可以说是他们为了避免断送自己的人生而编的一种话术。

其实冷静思考一下，那些导致他们一下子没忍住的事情，很多都是鸡毛蒜皮的小事。

有些时候，仅仅是因为未能有效安抚心中的愤怒，信任、财物乃至生命便毁于一旦。

关于愤怒，《孙子兵法》中有一段是这样阐述的：

怒可以复喜，愠可以复悦；亡国不可以复存，死者不可以复生。故明君慎之，良将警之，此安国全军之道也。

简单解释一下，就是愤怒可以重新转化为喜悦，愤怒也可以重新转化为高兴，但是，国家灭亡了就不复存在了，人死更不可能复生。因此，英明的国君和贤良的将帅应该小心慎重对待战争，这是国泰民安、保全军队的基本法则。

由此可见，愤怒这种情绪通过循序渐进的管控，是可以发生转变的，但如果被愤怒所驱使，那么结果只能是覆水难收。

假如我们对下属、客户或是家里的另一半生气，这种生气很快就会转变为其他情绪。即使我们感到怒不可遏，这时只要遇到一件开心事，我们立刻就会转怒为喜。

事实上，包括愤怒在内的所有的情绪都遵循一个发展过程，那就是随着时间推移逐渐减弱。

没有人会一直生气，一直伤心，或者一直高兴。

但是，在愤怒的驱使下说了不该说的话、做了不该做的事，这些所作所为产生的后果，这些被毁掉的人际关系、工作、财物，将永远也无法挽回。

我认为这是一条跨越时空、颠扑不破的真理。

别看如今我大言不惭地谈论这些道理，但其实我本人也经历过许多次惨痛的教训。

年轻的时候对待工作十分急躁，竟然耐不住性子对下属说"要不说你这人真是没用"，深深地伤害了对方。从此我和那位下属再也无法和睦相处，关系彻底破裂，最后以我调走告终。

还有一次是我对家里人发火，重重地捶了桌子一下，结果我心爱的咖啡杯应声而落，摔得稀碎。尽管我非常喜欢那个杯子，可惜它再也无法恢复如初。

这些事无不让我追悔莫及。

只需掌握安抚愤怒的正确方法，

就能避免一些不必要的损失。

毕竟信任、财物乃至生命，一旦

失去，便再也无法挽回。

不是不生气，而是要学会生气

或许有些人一听说人不应该被愤怒驱使而冲动行事，就错误地认为"那么只要'不生气'不就万事大吉了吗"，甚至还会拼命去克制、压抑愤怒的情绪。

如此一来，他们就成为另外一种意义上的被愤怒掌控的人。

愤怒管理的目的不是不生气。

为什么呢？

因为愤怒是人与生俱来的、必要的一种情绪，不可能人为地将其彻底消灭。

那么愤怒情绪的本质是什么呢?

以小猫、小狗为例,当它们察觉到危险的时候,就会变得愤怒,继而做出炸毛、咆哮等威吓行为。

如果遭遇敌人时不能触发这种愤怒的情绪,那就有可能危及性命。

愤怒是生物的一种自卫机能。

人类同样具备这种机能。

消灭愤怒,就等同于消灭一种生物的自卫机能。

人在高空走钢丝的时候,大脑会产生"啊呀,这要是掉下去可就糟了"的判断,随后便会出现心跳加快、手心冒汗等生理反应。

愤怒与此相似。

当大脑做出"啊呀,要是不生气的话,可就糟了"的判断,人也会心跳加速,血压升高,进入战斗状态。

因此,我们面对危及人身安全的情形或是遭遇社会性危机的时候,就会自然而然地变得愤怒和斗志昂扬,这都是人体的正常反应。甚至可以说,倘若在这些情况下我们没有变得愤怒,那么就会有丧生或社会性死亡的风险。

所以，只要没有达到佛祖那样大彻大悟的境界，我们就不能消灭愤怒这种情绪。换句话说，我们要在有限的生命中学会如何与自己的愤怒相处。

无论如何，我们都要好好地与愤怒相处，这是进行愤怒管理所必需的一种态度。

愤怒管理的目的不是不生气，而是学习如何正确地处理愤怒的情绪，将其置于自己的掌控之中。

有的上司总是生气，动不动就对下属吹胡子瞪眼；有的上司从不生气，对下属的任何行为都放任自流，但是我们并不能单纯以谁好生气谁不好生气来评判他们孰优孰劣。

同样，我们也不能用是否爱生气来评判自己的父母和其他管理者。

不过我认为，一个善用愤怒的人，他愤怒的状态一定是他主动为之。

没错，真正善用愤怒的人绝对不会在不该生气的时候情绪爆发或是在需要生气的时候无从发泄。

愤怒管理关注的正是要学会自主决定是否生气。

消除在不该生气的时候情绪

爆发或在需要生气的时候无

从下手的情况。

关键是要自主决定是否生气。

无谓的愤怒只会浪费自身的才华，不要让自己成为愤怒的奴隶

每当谈到愤怒管理——就是自主决定是否生气的时候，我都会想到一些名言。

曾有一篇报道称，网球运动员罗杰·费德勒进行了愤怒管理的心理训练之后，如愿以偿地登上世界第一的宝座，其中有一句话这样写道：

"*Federer was not a slave of his anger.*"（费德勒再也不是他的愤怒情绪的奴隶了。）

费德勒曾是网球男单冠军数量和连续排名世界第一总周数等多项纪录的保持者，是世界网坛难以超越的最高峰

之一，无数次斩获网球四大赛事的桂冠。

然而费德勒年轻的时候曾因为控制不住愤怒的情绪，在关键赛事中接连落败，一度羞于面对屡战屡败的现实。可以说，当时他在自己的愤怒面前无能为力，任由愤怒摆布，完全沦为愤怒的奴隶。

就算是费德勒这样被誉为世界顶级网球手的天才，在他沦为愤怒的奴隶的这段时间，也同样无法发挥自己的实力。

我深切地认识到，如果一个人不能管控自己的愤怒情绪，总是被愤怒所左右，那么即便他天赋异禀也终将一事无成。

说到这里，我不禁想起自己身边类似的人。既有才华横溢却时常因为琐事与他人发生正面冲突的年轻职员，也有能力超群但是性如烈火，终日借酒浇愁的朋友。

他们都白白浪费了自身难能可贵的才华。

无谓的愤怒何尝不是才华的克星啊！

反之，那些可以随心所欲地操控自己愤怒的人，愤怒的情绪仿佛成了他们的奴隶，会使他们更加高效、充分、稳定地展现自己的能力。

这一点已经成为共识。

在美国职业体育领域，很多运动员和队伍也已经积极引入愤怒管理。

在美国职业高尔夫（*PGA*）选手当中，泰格·伍兹、巴巴·沃森（大师赛冠军）、基根·布拉德利（全美职业锦标赛冠军）等都在学习愤怒管理。杰米·沃克尔在学习愤怒管理之后，比赛成绩得到了显著提升。

在美国国家橄榄球联盟（*NFL*）中，愤怒管理一度是新进联盟的运动员的必修课。众所周知，橄榄球可是在美国最受欢迎的运动，巅峰对决的冠军赛事超级碗是全美收视率最高的电视转播节目，广告费堪称天文数字。

只以成败论英雄的体育界都如此重视愤怒管理的效果，其重要性可见一斑。

"不要成为愤怒的奴隶""要正确地管控愤怒"不单单适用于运动员，对于每一个想要充分发挥自身才能的人来说，都具有重要意义。

如果一个人沦为自己愤怒情绪的奴隶，那么即便他天赋异禀，也终将一事无成。想要有所成就，关键在于管控愤怒。

把愤怒转变为健康的、富有建设性的能量

"看看你这写得狗屁不通的提案！"A先生遭到了上司的严厉训斥。

他虽然向上司道了歉，但心里仍不是滋味。"气死我了，竟然当着大家的面对我大吼大叫！"下班以后，他一边喝酒一边向同事大倒苦水，一直喝到只剩末班车的时候才作罢。

另一位下属B先生有着相似的遭遇。不同的是他在向上司道歉之后是这样想的——可恶！让他门缝里看人，下次我一定做得超出他的想象！随后便一头扎进了工作

之中。

请问，哪一位排遣愤怒的方式更富有建设性呢？

能够把愤怒转变为正能量是善用愤怒的人的一项重要的心理特质。

因为愤怒的情绪既是一种具有破坏性的负能量，也能转化为积极进取的动力。

例如，世界级雕塑家野口勇就曾在采访中说过，愤怒是他的创作源泉。

又比如日本搞笑艺人组合 *Downtown* 中的松本人志也曾说"搞笑的源泉是愤怒"。在著作《松本的遗书》（朝日文库）里面，他这样写道：

"受到好人的鼓励，我会产生努力奋斗的想法；遇到让我看不惯的人，我也会产生努力奋斗的想法——好让他见识见识我的厉害。"

鼓励、愤怒殊途同归，都会产生努力奋斗的想法。在松本看来，愤怒与鼓励一样，都是动力之源。

一提到愤怒这种情绪，人们往往关注的都是消极的一面，但是它的积极作用也不容小觑。

许多时候我都禁不住感慨，越是成大器的人，越是熟知如何调动愤怒的力量。

只有强大的动力才能成就伟大的事业。这种动力可以从愤怒转化而来。

在富有建设性的、健康的方向开设宣泄愤怒的出口，那么愤怒也会成为绝佳的力量源泉。

回想我自己将愤怒转化为动力的实际举措，最成功的便是开创了愤怒管理的事业。

我成立日本愤怒管理协会，在日本推广普及愤怒管理的理念，一路走来，正是因为我曾发自心底地对无法控制愤怒的自己感到愤怒。如果我得过且过，从未那样愤怒，也就不会像现在这样充满动力。

而且，我并没有因为对无能的自己的愤怒而苛责自己，而是让愤怒引领我去积极地思考如何开拓业务。

在将愤怒转化为动力的时候，无所谓愤怒的对象。

愤怒的对象可以是他人，可以是自己，也可以是某种不满足的状态。

关键是要找准宣泄这种能量的方向。

我们要把它导向改善现状、再创佳绩等富有建设性的、正向的行动上来，而不是将其转变为仇视他人、苛责自我之类的负面行为。只有认清这一点才能成为善用愤怒的人。

愤怒可以转化为成就一番事业的强大动力。

需要注意的是要把这种动力导向富有建设性的、健康的方向上面来。

树立"合理宣泄强于压抑"的观念

愤怒管理这种方法诞生于美国。

作为一个掌握了愤怒管理，并且在美国工作了五年之久的人，我深切地感受到美国人的易怒。

举例来说，那是2006年我还在美国生活的时候，在美国一档很出名的电视节目当中亲眼见到了这样一个场面。

节目是现场直播，一个主持人发言说："伊拉克战争是错误的。"结果他话音刚落，同在台上的评论员像是要吵架似的，当即气势汹汹地反驳道："没有错！错的是你！"这种被愤怒所驱使的言行让正在观看节目的我愕然无语。坚持己见固然无可厚非，可这是现场直播的电视节目，语气未免太过激烈。

从某种角度而言，我由衷地认为这一幕绝不会在日本发生。

美国确实有很多人因为易怒而遭遇失败。

美国人的这种易怒说得好听一些，可以称之为好胜心强。

这也是愤怒管理这门管控愤怒的技术能够在美国诞生并发扬光大的原因。

反观日本人，又有怎样一种普遍性的倾向呢？

拿我来说，我就更倾向于压抑愤怒。

面对上司的怒火、朋友不恰当的行为或是妻子的责备，我更容易采取忍耐、退让、克制的态度。

换言之，就是竭尽全力扑灭心中熊熊燃烧的怒火。

因此，当我向美国人讲授愤怒管理方法的时候，我会告诉他们第一步是要尽量克制愤怒，但是对日本人则完全相反。

倘若我也像指导美国人那样，对日本人说第一步是要尽量克制愤怒，必然会导致日本人的内心积聚更多的愤怒。

最终，将会有更多的人因为沉重的压力而损害身心健康，变得自怨自艾、自暴自弃。或者是积攒已久的怒气在不恰当的场合瞬间爆发，致使场面变得不可收拾。

这往往会对经济、健康等多个方面造成严重伤害，摧毁人与人的信赖关系，让我们自身和亲朋好友陷入不幸的深渊。

而且，一味地压抑也会让我们的权益蒙受损失。

我曾在美国某机场的服务台前，看到一个男人大吵大嚷。一打听才知道，似乎是因为安排上的失误，导致这人没了座位。他锲而不舍地表达着自己的诉求，最后坐上了自己心仪的航班，顺利地飞往了目的地。

换作日本人，恐怕大多数人心里想的都是"人家失误了，我又能怎么办呢"，然后放弃纠缠，转而去想其他方法。可能还有不少人会觉得在柜台前大吵大嚷有失体面。

日本人的这种倾向我们不能一概而论地评判其好坏。

但是我认为，随着全球化进程的不断发展，这种倾向迟早会成为日本发展道路上的拦路虎。

因此，只要我在日本，无论是培训班还是演讲会，我都会明确地告诉听众：愤怒管理的第一步，就是要抛弃生气是不对的这种观念。

而且我感到"生气算不得什么，要正确地表达愤怒"，更符合日本人的特性。

一些人常常因为忍耐愤怒而吃亏。

一些人不应该盲目地认为生气是不对的，而要学习如何正确地表达愤怒。

学会抛弃容易制造愤怒的自以为是

虽然我们说不要压抑愤怒，但是要注意正确地表达愤怒，因为生气过于频繁本身就会让我们感到身心俱疲。

我们也要重视正确地表达愤怒的上一步，也就是减少无谓的愤怒。

我当然不是在说"就算别人举起菜刀威胁你，你也不要生气"。但是对于那些被愤怒掌控的人而言，生气的门槛远远低于这种生命威胁，通常一些鸡毛蒜皮的事情就会让他们暴跳如雷。

也可以说是他们这些人"不生气就会有危险"的探测

机能过于灵敏，对危险的反应有些过度。

那么怎样做才能改变这种情况呢？

简而言之，一个人之所以对另一个人感到愤怒，是因为价值观存在差异。自以为是的道理一旦被他人推翻，势必会火冒三丈。

有的上司认为下属请假应该打电话联系他，而不是只发一封邮件，因此当他看到下属发来邮件向他请假的时候，他便生气了。

有的人认为应该努力完成销售目标，即使加班也在所不辞，当这些人看到那些在上班时间内做好分内工作就万事大吉的人，自然气不打一处来。

毫不夸张地说，工作中的一切愤怒和争执都来自这种自以为是。

简单思考一下，你就会发现所有情形都大同小异——归根结底都是自以为是的碰撞。

因而，当一个人心中的自以为是越多、越坚定，他对别人发火的频率就越高，愤怒的程度也会越激烈。

如图1-1所示，我想告诉这一类人，当你要发火的时

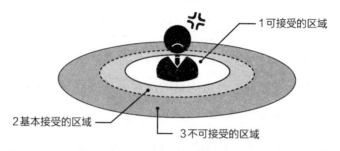

被愤怒所掌控的人　▶ 第2个区域较小

1可接受的区域

2基本接受的区域

3不可接受的区域

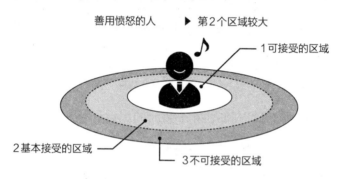

善用愤怒的人　▶ 第2个区域较大

1可接受的区域

2基本接受的区域

3不可接受的区域

图1-1　价值观出现分歧时

候，你首先要在自己周围画出3个圆圈。最里面的小圆圈是可接受的区域。第2个圆圈是基本接受的区域，也就是与自己观念不同，但是基本无碍、基本可以接受的范围。而最外侧的第3个圆圈是不可接受的区域，就是自己既不理解也不接受的范围。

比方说，A先生和B先生都认为下属应该打电话请假。

A先生虽然认为下属应该打电话请假，但是也能够接受下属发邮件请假或委托别人代为请假。A先生把邮件请假、他人代请假都纳入了第2个基本接受的区域。请假的方式甚至还能更宽泛一些，像是LINE①请假、手机短信也都没有问题。总之，A先生的态度是只要向他请假，任何方式他都可以接受。只有无故旷工被列入不可接受的区域。

再看B先生，当下属用邮件向他请假时，他便发火了。而那些由别人代为请假的下属就更不用说了。B先生将邮件请假、他人代请假统统列入了无故旷工所在的第3个不可接受的区域。

上面这个例子的结论显而易见，A先生很少发火。

如果你不想为一些无谓的事情而愤怒，关键就在于尽可能地扩大第2个圆圈，也就是基本接受的区域。

善用愤怒的人都是懂得抛弃容易制造愤怒的自以为是的价值观。

---

① *LINE*：一款在日本很流行的即时聊天软件，类似于中国的微信。

不必急于求成地去扩大可

接受的区域。

从基本接受的区域开始，慢

慢拓展自己的可接受范围。

分析让我们感到愤怒的人的成长环境和背景

不同的成长和生活环境会造就天差地别的价值观。

比方说，我有一个在东京长大的女性朋友，她去丈夫的老家四国省亲的时候，就曾对一件事感到无比震惊和气愤。

据说是住在附近的一个亲戚来到她家门口，说了一声"打扰了"，便一把拉开房门，径自走进屋里。这种自来熟的做法让我这位女性朋友大为震惊，她气哼哼地向我抱怨道："居然有人随随便便地就闯进别人家里，简直让人难以置信。这些不打招呼就进入别人房间的人也太没礼貌了吧！真是吓人。乡下真是不可理喻。"

这显然也是一个成长环境不同所引发的矛盾。因为我的老家就在群马县乡下，所以我很理解乡下人的这种行为。不过对于在大城市家家户户门窗紧闭的环境里长大的人来说，这的确会让他们感到困惑。

回过头来再看商业世界，也有异曲同工之感。

即使是毕业于同一所大学的朋友，在风格迥异的公司工作十年之后，价值观也会发生差异。

A先生就职于传统日企，公司有着论资排辈、因循守旧的传统，相对于业绩，更注重维系稳定的职场环境。B先生在外资企业工作，只看业绩，工作方式很自由，能够保证充足的带薪休假。

毕业十年后，A先生和B先生这两位商务人士还能拥有同样的商业感觉吗？

不同的工作环境会造就不同的价值观。

言归正传，假如我们因为价值观的对立而感到愤怒，这时不妨暂停片刻，试着分析一下，对方为什么会有这种想法？这种想法背后有着怎样一种环境和发展脉络？

这种分析本身就足以避免无谓的愤怒。

"对方的想法和我相左，不过，从他所处的环境来看，他产生这种想法也是理所当然。"这种分析有助于我们拓展基本接受的区域。

美国是一个多人种、多语言的国家，也有很多移民，价值观千差万别。

因而美国人对待价值观都很宽容，很少过分坚持自我，从中能够感受到人们发自心底的对多样性的尊重和认可。

再看日本，社会基本由单一民族组成，几乎只说同一门语言，可以说是一种缺乏多样性的社会。

例如，艺人稍微出格一点的言行，企业芝麻绿豆大的丑闻，都会招致清一色的批评。每当看到类似的现象，我都深感日本的价值观过于固化，上一节提到的包容各种观念的基本接受的区域过于狭隘。

在日本生活虽然很少会和他人产生矛盾，但依然会有一种让人透不过气来的感觉，我觉得这恐怕就是缺乏多样性所致。

　　具有多样性价值观的社会更加宽容，包容度更高。生活在这样的社会，人们会更加轻松惬意。我想应该不止我一个人这样认为。

成长环境和习惯会影响愤怒。

当对方让我们感到愤怒的时候，我们要试着去分析对方的价值观及其产生的背景。

正确处理愤怒可以创造广阔的未来

上一节我们谈到成长环境对价值观影响巨大。由此我想到了愤怒管理在教育领域的作用。

我一直在积极推动将愤怒管理纳入育儿和学校教育。

之所以这样做，是因为大量经验显示，在成年之前掌握正确处理愤怒的方法，有助于避免愤怒带来的负面影响。

想必正在阅读这本书的你或多或少也有过类似的经历——回想起某次发火，不觉感慨"当初要是这样做就好了"或是"要是没那么做就好了""一时冲动，白白失去了一次机会"。

这些经历可以统称为自己限制了自己未来的选择。

我也是在从事愤怒管理工作之后才深刻认识到，曾经的自己因为未能正确处理愤怒的情绪而错失了多少机会。

为什么人无法正确地处理愤怒？

很大程度上是因为在我们的成长过程中，就从来没人教导过我们如何正确地处理愤怒。

在喜怒哀乐等情绪当中，愤怒可以说是一种一旦处理不当，就很可能对人生造成严重影响的情绪。但即便如此，我们也从未学到过正确处理这种情绪的方法。

仔细想来，这可谓是人生的一大缺憾。

因此，从小了解愤怒情绪，学习处理愤怒的方法是一件相当有益的事情。

年少时掌握愤怒管理的技巧，可以减少成年之后的懊恼和悔恨。

较之于方法和窍门，我最想教给这些前途无量的孩子一些本质性的内容——

为什么我们必须学会正确处理愤怒情绪？

学会正确处理愤怒情绪能够带给我们什么？

因为只有了解正确处理愤怒的目的和效果，才能引导他们转变今后的生活方式。

当我向孩子们讲授愤怒管理的时候，都会有意识地给他们灌输一个观念，那就是愤怒管理是帮助他们走好人生之路的利器。

在今后的人生旅途中，每个人都难免遇到上头、冲动、怒从心头起之类的状况。

如果因此丧失脚踏实地的动力，怨天尤人或是陷入自责，进而自暴自弃，都将断送未来的人生。

这也是我积极推动将愤怒管理纳入育儿和学校教育的原因所在。

而且我衷心希望能有更多的孩子掌控自己的愤怒，创造更加广阔的未来。

学会正确处理愤怒能够给孩子们的生活带来巨大的改变。

愤怒管理是走好人生之路的利器。

「怒り」を生かす
実践アンガーマネジメント

第 2 章

被生活琐事激怒的时候
应该怎么办?

停顿6秒，有效避免暴怒的悲剧

想要成为善用愤怒的人，关键是不要因为家长里短、鸡毛蒜皮而生气，进而还要知道如何在盛怒的时候迅速平息自己的怒气。

这一章，我们将围绕日常生活和工作中微不足道的愤怒展开讨论。

你觉得一个人在愤怒状态下最不应该做的事情是什么？

我研究愤怒管理已经15年有余，见识过超过15万人的愤怒，不过要让我说最不应该做的事情，那么只有一件事。

那就是条件反射。

· 条件反射式的恶语相向

· 条件反射式的恶劣行径

第一要务就是消灭这些条件反射。

例如，有人挑衅般对你说"你真了不起，能把工作干得这么丢人现眼"，你顿时怒火攻心，反唇相讥道"多亏你指挥得好"。

听到有人说"你真是个人渣"，你立即抄起身边的东西砸了过去。

又比如你正在车站入迷地刷着手机，突然间一个男人撞到了你，结果他还嫌恶地咂了咂嘴，你勃然大怒，大吼着让他道歉。

上述这些暴怒所带来的条件反射的言行并没有什么好处。

为此，我们可以用到一项技巧，这项技巧我也经常在研讨班上向同学们推荐，这便是当你感到愤怒，请先停顿6秒钟。

因为大部分人在6秒钟之后便会恢复理智。只需慢慢地停顿6秒钟，我们就可以熄灭日常生活当中许多的愤怒的小火苗。

前文谈到，情绪会随着时间推移逐渐减弱。稍稍停顿一些时间，就足以避免绝大多数条件反射的言行。

虽然这只是一个小技巧，但是掌握以后，它能够把最不应该做的条件反射所造成的损失降到最低，极大地改善你的生活。

务必阻止暴怒这种条件反射式的言行。

只需停顿6秒钟，就能平息怒气。

不妨尝试一下吧。

用手机和文库本图书阻断不停制造愤怒的源流

由于我的工作的特殊性，我时常在大街上、车站里、餐馆里观察那些焦躁、愤怒的人。

每每看到，我都会为之惋惜，其实他们只需要一些小技巧就可以控制住自己的愤怒。

例如，以前只要有人开会迟到，我就会很恼火。我也曾因为收银台大排长龙、电车因事故延误之类的事情而发火。

我这人生性急躁，不善于等待。

我也知道自己总是为琐事生气不应该，但就是控制不住自己。

于是，我想到了一个转移愤怒的方法——玩手机。

如今，即使我陷入被动等待的状态，我也很少发火。

当我感到等待让我开始焦躁起来，我打开手机浏览社交平台，在互联网上搜集各种信息。

然后，神奇的事情发生了，我对其他事物的兴趣渐渐取代自己焦躁的情绪。我的注意力转移到了其他地方，比如"啊，我想去尝尝这家餐厅""股市正在下跌"。

最终，心里那种恼火的感觉变得越来越微弱。

由此可见，情绪是很容易调节的。

不过，如果愤怒的经过和原因始终萦绕脑海，那么就会延长愤怒的时间。换言之，就是处于一种自己给自己制造愤怒的状态。

因此，我们要阻断、转移愤怒的源流。

在某一档电视节目中，一位明星谈起有一次他在机场候机，百无聊赖地观看机场播放的电视节目，结果发现播放的是坠机事故合集。他越看越觉得心里发毛。

他说"机场是最不应该播放坠机事故合集节目的地方

吧"，这话说得一点没错。在收看电视节目的过程中，他内心隐隐的不安也被渐渐放大。

眼前的坠机场面一再加剧他的焦虑不安。

愤怒也是一样。大脑不断复盘、回忆愤怒的经过，眼睛总盯着让自己恼火的对象，愤怒永远也不可能平息，甚至还会因为臆想而愈演愈烈。

把注意力从愤怒的对象身上移开，愤怒的情绪自然会渐渐平息。

在了解愤怒的这一属性并且掌握转移自身注意力的方法之后，我们便能够明显缩短愤怒的时长。

我个人的做法是刷手机，有些人可能会选择去读一本钟爱的小说，如果你是这一类人，那么你可以长期在皮包里放上一本自己喜欢的作家的文库本。

让我们找到适合自己的转移焦躁、转移愤怒的方法吧。

只要阻断自己给自己制造愤怒的源流，

愤怒自然会随着时间推移而消失。

探究适合自己的转移方法。

略有难度的运算和翻译能够转移无谓的愤怒

有些时候，我们虽然找到了适合自己的转移愤怒的方法，但是实践起来就会发现并不简单。

比方说，上司在开会的时候训斥你说："这个月的数据又很难看，到底是怎么回事？"你听到以后很生气，可是这个场合又不能刷手机。

又比如你的妻子质问你："你究竟有没有把孩子的教育放在心上！"听到这话你很上火，但如果这时候你拿起一本漫画，试图转移自己的火气，结果无异于火上浇油。

面对这种情况，有一种愤怒管理的技巧可以帮助我们转移愤怒。这就是倒数。

例如，100、97、94、91、88……像这样从100开始，一边减3一边倒数。还可以用英语倒数，*one hundred*、*ninety-nine*……

这种技巧通过略有难度的运算或翻译，达到了把我们的注意力从愤怒的对象身上移开的目的。

那么，为什么运算和翻译可以有效转移注意力呢？

这与我们大脑的工作机制有关。

愤怒产生于被称为哺乳脑的大脑边缘系统。这一脑区主要掌管喜怒哀乐的情绪，能够激发一些本能的反应。

前文谈到，愤怒是一种本能的、避免被敌人夺去生命的自卫机能。

因此，当我们感受到强烈的愤怒时，这其实是一种与生俱来的反应，是大脑在向身体传递信息——现在有生命危险。

如果在这种时候进行运算、翻译，又会怎样呢？

进行运算、翻译时，我们使用的是大脑新皮层。大脑新皮层位于大脑边缘系统外侧。这一脑区掌管的是语言、运算等，具有维系人类社会属性的功能。

所以，运算和翻译会刺激大脑新皮层，唤醒人的理智，让我们认识到"现在并没有生命危险，没必要这样愤怒"，重返冷静决策的状态，从而避免我们在愤怒的驱使下贸然行动，让我们能够理性行事。

人体就是这样神奇。不同脑区扮演着不同的角色，只要善加利用，我们就能改变被愤怒所掌控的自己。

不过，掌握这个倒数技巧的关键还是要在不那么焦躁、愤怒程度较低的时候反复训练，使之成为一种习惯。

否则，当你真的遇到让你气愤至极、恨之入骨，也就是最应该运用这个技巧的场面时，这个倒数技巧说不定早就被你抛到九霄云外去了。

我们一定要坚持不懈地利用点滴愤怒训练自己，以便在关键时刻能够妥善应对突如其来的愤怒，避免事后为自己的言行追悔莫及。

简单地数数就可以唤醒人的理智。

运算的难度无关紧要，关键是要从点滴的愤怒做起。

火气上涌的时候，要在心中进行一场现场直播，
全神贯注于此时此刻

2013年，我参加了在亚利桑那州举行的愤怒管理国际会议。我时隔许久，又一次接触到了最为纯正的愤怒管理，不免有一种耳目一新的感觉。

其中让我印象最为深刻的一个关键词是正念。

正念是什么？我们大多把它解读为专注于当下或是冥想。

借用加利福尼亚大学洛杉矶分校（UCLA）正念觉知研究中心的戴安娜·温斯顿的说法，正念就是以开放的心态和好奇心关注我们此时此刻所经历的一切。

平时，我们用在思考此时此刻的时间少得出奇。

举例来说，我们吃饭的时候，很少细细品味此时此刻食物的味道，而是习惯性地思考过去或未来，比如吃完饭以后我关注的是要把剩下的工作做完、今天客户对我出言不逊或者是明天会面我应该穿什么衣服。

焦躁和愤怒时的状态也是如此。事实上，我们很少思考此时此刻正在经历的事情。

我们之所以生气，有时候是因为回顾过去——当时上司严厉批评了我，有时候是因为担忧未来——那家伙说不定还会用那种方式对待我……

不可思议的是，我们在生气时从来不会关注此时此刻。

当我们的注意力不在"此时此刻"的时候，思绪往往会偏向一些无关紧要的事情。这是我们人类的劣根性之一。

因此我们需要借助上面提到的正念。

试着以开放的心态和好奇心关注我们此时此刻所经历的一切。

例如，如果你对工作感到烦躁，那就试着把你的全部感官都集中在敲击键盘的手上。

带着好奇心去观察自己的手。它是怎样移动的，键盘是什么颜色和形状，按键的声音是如何随着你打字力度的变化而变化的？

当你专注于观察敲击键盘的双手，你便会在不经意间惊奇地发现自己的焦躁情绪消退了。

如果你想要更加专注一些，那么还可以进行一场现场直播。

就像直播棒球或足球比赛一样，在心里播报自己观察到的情况。比如：

"哎呀，我刚刚听到一声巨响！原来是我打错字了！"

"蓝色、黄色便签搭配黑色键盘，真好看！"

当你沉浸于此时此刻，你的注意力自然会从愤怒中转移出来。

当你感到焦躁，或是回忆起某件让你愤怒的往事，不妨以开放的心态和好奇心关注此时此刻你所经历的一切。

就算是为了自己，也要严禁将愤怒下放

愤怒具有从强者流向弱者的特性。

就像水一样，从高处流向低处。

想必很多人都是这样——如果下属在你情绪焦躁的时候找你谈话，那么你的语气可能就会变得粗声粗气；反之，如果是你的上司找你谈话，那么你可能就会用温和的语气，尽可能地克制自己的焦躁情绪。

还有一个情况也很常见。妈妈正在对孩子发火，忽然邻居打来电话，这位妈妈接起电话的时候就像换了一个人似的，轻声细语地应答说"没错，我是×××"。

我们经常会在不经意间将愤怒的情绪宣泄给那些弱势群体、地位较低以及没有能力反击的人。

然而，这种自上而下的愤怒给人的观感十分糟糕。如果你持续秉持此种态度，将不可避免地失去周围人的信任。

我虽然并不提倡所谓锄强扶弱的正统做法。

但是起码也要严禁愤怒下放，以免危及自身声誉和别人对我们的信任感，使我们蒙受损失。

在生气的时候回避弱势群体不失为一个有效方法。

你还可以在准备发火的时候，把面前地位较低的人想象为上司或是父母等地位高于你的人。

如果你已经不小心向下宣泄了愤怒，切记事后要诚恳地向对方道歉。

这种自上而下的愤怒不仅限于上司和下属、父母和子女之类单纯的上下关系。

互联网世界同样存在着自上而下的愤怒。

比方说，互联网上屡见不鲜的某某引发热议，也就是网民用匿名方式猛烈抨击某人。

发表匿名评论的人不但可以大肆攻击、批驳他人，而且基本上不用担心自己的人身安全。

匿名这种安全区域很容易助长人们的戾气。

因为人一旦身处不受威胁的安全区域，就会不知不觉地变得强势和狂妄。

不过需要引起我们注意的是，这种虚拟空间的攻击型人格有可能会蔓延到真实的生活当中。

此外，路怒的心理状态与互联网上的匿名评论如出一辙。平时温文尔雅，可是一握住方向盘立马变得粗野无礼，简直判若两人。这样的人想必不在少数。

正是因为坐进了汽车这个坚固的箱子，他们才会变得如此强势。

因此，一个人越是不善于控制愤怒，他的路怒症就越严重，也更容易由于危险驾驶而发生交通事故。

即使只是为了确保行车安全，我们也不可忽视自上而下的愤怒。

自上而下地向弱势的、没有能力反击的群体宣泄愤怒并不是一件好事，我们要严禁这种行为。

匿名评论和驾车时同样要引起注意。

不要靠近充斥着愤怒情绪的地方

出于工作需要，我经常浏览"*Yahoo！智慧袋*"（以下简称智慧袋）。

在此向不太了解智慧袋的读者简单介绍一下，这是雅虎网站的一个版块，网友可以用网名或匿名的方式随心所欲地在上面发帖提问，而后其他网友则可以在这些问题下面自由作答，答案不限数量。

有一次我看到了一个提问帖，标题是"这件事让我很生气"，下面的回答几乎都很粗鲁，充斥着愤怒的情绪。

当然，我之所以点进这个帖子，是因为我想要了解现代人对哪些事不满，他们是怎样表达的。

我登录智慧袋是为了查询职业所需的资料，不然我绝对不会靠近这种旋涡一般充斥着愤怒情绪的地方。

上一节谈到，愤怒情绪会自上而下流动，除此以外，愤怒还具有易传染的特性。

丈夫满面怒容地回到家里，妻子看在眼里，也不由得火冒三丈："都到家了怎么还一脑门子官司！"

有时在职场上，只要有一个人对着电话大喊大叫，整个办公室的氛围就会随之变得紧张兮兮。

总而言之，大多数人只要靠近愤怒的人，或多或少都会受到一些影响。

智慧袋只是一个例子，身边常见的吐槽大会、声讨大会之流也是如此。

其实许多人参加吐槽大会、声讨大会并非出自本意，只是不想被排挤、显得自己不合群。勉为其难参加大会的结果就是遭受与会者的愤怒的狂轰滥炸，弄得身心疲惫不堪。

而且不仅是我们自己要承受愤怒，很多时候这些愤怒还会进一步传染给我们的朋友、爱人、家人，以及其他对我们而言很重要的人。

参加毫无意义的吐槽大会、声讨大会，莫名承受了他人的愤怒，接着又把这种愤怒传染给自己的亲朋好友——这难道不是一种愚蠢的行为吗？

不要靠近不该靠近的事物。

这是你要勇于坚守的决心。

同样应当坚守的，还有不要靠近充斥着焦躁和愤怒情绪的地方。

愤怒具有易传染的特性。

尽量不要靠近吐槽大会、声讨大会、戾气十足的网页等充斥着焦躁情绪的环境。

一天不带手机，训练自己适应生活的不便

移动电话、电子邮件和 *LINE* 等通信方式的发展日新月异。

技术进步本身不是坏事，既方便又能提高效率。人们能够居家办公，工作效率也得以提升，可以享受到诸多便利。

然而，从愤怒管理的角度来看，技术进步俨然成为焦躁愤怒的诱因之一。

例如，*LINE* 已经成为一种普遍的通信手段，你可以通过已读功能来判断对方是否阅读了你发送的信息。

一方面，这便于我们确认信息的接收状态；但另一方面它也带来了不满和烦恼，比方说显示已读但对方没有回复，让人忍不住揣测对方不回复的原因。

换句话说，通信手段多便捷一分，人的耐心也就减少一分。

技术进步会助长人的焦躁情绪。总而言之，世界变得更便捷，人就会变得更焦躁。

现在在日本，人们在便利店取钱已经变得很普遍了，当你发现钱包里没有钱却又找不到便利店的时候，你会不会变得很暴躁？

又比如说，你拎着一个大行李箱来到车站，却发现那里没有电梯或自动扶梯，你会不会感到十分恼火？

生活越便利，我们的耐心、耐性就越差。

很多人都是这样，因为习惯了便捷，所以等不及、忍不住，变得越来越容易发火。

为此，我向这些人推荐一个行之有效的方法，那就是一天不带手机。

也就是一次适应生活不便的训练。

如今很多人在想去某个地方的时候，都会用手机搜索换乘信息。但如果没有手机，我们就只能去查线路图。

在节假日的时候，我们还会在手机上查询想去的商店是否正常营业。如果没有手机，我们就需要在径自前往不确定是否营业的商店和附近正在营业的商店之间做出选择。

不带手机意味着我们要花费一些时间、保持耐心、思索替代方案，这种敦促自己适应生活不便的训练，能够让我们在遇到突发状况的时候保持平和的心态。

只需一天不带手机，你便会意识到自己已经习惯了手机带来的便利。

如果你觉得一天不带手机不利于开展工作，那么不妨从休息日的短途旅行开始尝试吧。

生活越是便捷，人越是容易焦躁。

专门留出一天时间，不带手机，学会等待、思索替代方案，开展适应不便的训练。

健康管理也是愤怒管理，疲劳时要主动自我放松

　　道理显而易见——人在身体不适的时候，容易变得焦躁。身体虚弱是焦躁的根本原因。

　　既然愤怒是人类与动物相同的一种自卫机能，那么我们身体虚弱的时候，我们就需要更为强大的防御能力。因此，我们身上感知危险的探测器就会变得更加灵敏。

　　拿我来说，我的嗓子很脆弱。所以无论是会面还是就餐，都会尽量坐在无烟区，甚至干脆选择全面禁烟的场所。

　　烟味会让我嗓子疼，而我想要尽可能地降低受外部刺

激而发火的概率。

像我一样，身体不适确实会引发愤怒。

因此，如果你感觉最近总是莫名生气、变得更加焦躁，那么我建议你首先要让身体休息一下。

感到焦躁不安的时候，要主动自我放松。

这也是一种形式的愤怒管理。

我认识的一位外科医生曾说过这样一句话，让我记忆犹新。

"在休息日和空闲时间，我会竭尽全力锻炼身体，关注自己的身体健康。我还避免过量饮酒。一旦我感觉身体不适，往往会变得冲动易怒，判断力也会受到影响。作为一名外科医生，我要时刻做好准备应对手术等紧急情况。既然病人把他们的生命交到我手上，我就必须把自己的健康管理视为工作的一部分。"

听到这些话，我由衷地感受到了自己和能人之间的差距。

世界上有压力大的工作，也有压力不大的工作。

比方说，我在写这本书的时候，错把"误"字写成

"五"字，也不会有人因此而丧命。但医生的工作不同，稍有闪失，患者便有可能失去宝贵的生命。

如此想来，他的压力要大得多。

这位身为医生的朋友的话语再次提醒了我，健康管理也是一种愤怒管理，务必引起重视。

如果你感到自己变得更加易怒，首先要想到是时候让身体休息一下了。

健康管理也是一种愤怒管理。

不要让你对食物的偏见成为愤怒的源头

你对食物有偏见吗？

有些食物你以前从未吃过，但你就是莫名其妙地不喜欢吃。

我们之所以谈到对食物的偏见，是因为这种偏见会阻碍我们掌控愤怒。

比方说你对虾没有偏见，只是单纯不喜欢吃。那么油炸大虾和大虾蛋黄酱之类的自不待言，加了大虾的海鲜饭和有小虾米的什锦烧你也会敬而远之。倘若在与家人或朋友聚餐时吃到大虾，你可能也会因此而感到不快。

这就好比是上一节谈到的身体健康，一个让你感到不适的事物，会加重你的压力，让你变得更易怒。

只要你有不喜欢吃的食物，那么它们就有可能给你带来烦恼。

如果你是吃过以后才讨厌的，那么无可厚非。每个人都有自己接受不了的口味，还有些人则是因为过敏。

然而，我们要探讨的是对食物的偏见，特指吃都没吃就感到厌恶。

也就是说，你的回避行为源于一种消极的刻板印象。

可是，在你选择回避的时候就为时已晚了，无论你吃或不吃，你都会产生相同程度的反感情绪。

我们甚至都不知道自己是不是真的讨厌这些食物，这种源自刻板印象的反感就已经让我们徒增压力。

它不仅适用于食物，也适用于其他事物和人际关系。

如果你还没有真正和某人说过话，就武断地认定他很讨厌，或是还没有动手就开始抱怨工作，那么这些刻板印象就会成为压力的来源。

讨厌某些人和事是人之常情，但是假如你从未实际接触对方，仅凭偏见就做出讨厌的论断，那么这只会白白增加你的生活压力。

当你真正和他们交谈以后，可能会想"嘿，看上去他不是个坏人"；当你亲身实践一下，或许就会觉得"哦，这份工作也蛮有趣的嘛"。

关键是要减轻包括食物在内的所有偏见给我们造成的压力。

对食物的偏见毫无意义。

尚不清楚自己是不是真的讨厌这些食物，刻板印象造成的反感就已经让我们徒增压力。

把不负责任的批评转变为鼓励

下面两位当中，哪一位度过了更有意义的一段时光？

一家便利店的收银台前排起了长队。A先生焦躁地等着收银员，心里不停抱怨着"为什么只有一个收银员"。

同在队列里的B先生却是这样想的："也许他们人手不够。这时如果收银台上有铃铛，说不定就能提醒另一名店员过来帮忙。或者，在那个角落摆上一面镜子，出货的店员也许就能看见这边排队的情况了。"他可以一边观察着店里的情况，一边暗自为便利店顾客排队的问题出谋划策。

答案一目了然，是B先生。

面对焦躁愤怒的情绪，要通过转移注意力、尽可能降低生气的频率等方式，有意识地加以转变，对此我在日常生活中感触颇深。

比方说，某人不负责任地点评你辛勤工作的成果，这时你会作何反应？

有的人可能会怒不可遏地认为这是在否定自己的努力和能力，有的人可能会因此一下子丧失信心，怀疑自己的工作还存在不当之处。

这世上总有人热衷于信口开河地对他人指指点点。

而美国演艺界的名人们就是很好的榜样，告诉我们如何应对这种不负责任的批评。

我们来看一看他们如何面对世界上最尖酸刻薄的批评。

查理·辛，因出演美国情景喜剧《愤怒管理》而声名大噪，曾登顶《福布斯》最赚钱电视演员榜单。

在他主演的《愤怒管理》拍摄续集时，收到了众多反对的声音。

其中一条锐评尤为刺眼——一般般，不好也不坏。据说，查理是这样回应的：

"我很高兴有人评价这部剧'一般'。我觉得这反而是至高无上的褒奖。如果把电视剧比作冰激凌，那么你问我为什么总是做香草味的，我会告诉你因为人们喜欢。人们愿意尝试各种口味，但总会回归经典。观众之所以觉得这部剧'一般'，是因为它契合了大众的口味，观看时不会感到震惊或受到冲击。这意味着在每周观看这部剧的20分钟里，你可以抛却一切烦心事，尽情地享受其中。"

查理并没有否定一般的评价，而重塑了一般的概念——一般不代表无聊、平庸，而是可以让观众舒舒服服欣赏的作品。

另一个例子的主人公是歌坛天后"小甜甜"布兰妮。当她担任当红选秀节目美版《X音素》评委的时候，曾有评论称布兰妮根本不配当评委。对此，布兰妮回应道：

"这是我在职业生涯中第一次尝试这种身份，而他们只见过聚光灯下的我，肯定会有各种各样的看法。因为我之前未曾涉足过这个领域，所以这份工作对我有着异乎寻常的吸引力，我想要去挑战一下。"

她坦然接受了对方的批评，用毕竟是第一次尝试这种身份的理由向对方做出了解释，并且阐述了挑战新身份带给她的美好感受。

这两位艺人身上有两个值得我们学习的地方。

首先，他们没有用条件反射式的愤怒去回击不负责任的批评，而是将批评照单全收。

其次，他们都把批评转化为鼓励。

凡事都能找到积极向上的一面。

例如第1章的"知皇"，他没有把"别再踢了"当作"喊话他赶快退役"，而是将其视为"激励自己进步的话语"。

在心里安装这样一个积极向上的转换装置，是成为善用愤怒的人的重要因素。

要学会用积极的眼光看待不如意的事情和不负责任的批评。

「怒り」を生かす 実践アンガーマネジメント

第 3 章

勃然大怒或是怒不可遏的时候
应该怎么办?

区分模糊印象和准确理解

第2章我们介绍了如何应对焦躁情绪和日常生活中一些微不足道的愤怒。

不过，有些时候我们可能会一下子气得血往上涌，或是怒不可遏，感觉已经到了爆发的边缘。

本章我们将谈一谈如何应对盛怒和积蓄已久的愤怒。

我们无法处理、控制愤怒的主要原因其实很简单，这便是我们没有正确理解自己的焦躁和愤怒情绪。

它们虽然是我们自己的情绪，我们对它们却很陌生。

比方说，请试着回想一下别人让你很生气的一件事，写出与这件事有关的如下内容。

· 惹你生气的是谁？他或她的哪些言行激怒了你？

· 他或她最让你生气的地方是哪里？

· 如果用1~10表示生气的程度，那么你是多少？

· 当你生气时，你的身体出现了哪些变化？

你能一一对应地回答这些问题吗？

结果可能会出乎你的意料——尽管当时那么生气，可是冷静下来以后，居然忘得一干二净，什么也写不出来。

准确理解和模糊印象有着天壤之别。

现在不妨试着写出 qiáng wēi（常见花卉）这两个汉字。

正确答案是"蔷薇"。

你能写出来吗？

可能大多数人都写不出来。

如果是在报纸或书上看到这两个字，很多人都读得出来。因为我们对这两个字有着模糊的印象。真要动笔写的时候就写不出来了，也就是知道大概字形，但是写不对。

这就是模糊印象和准确理解之间的区别。愤怒的情绪也是如此。

当我们上火、生气、恼怒的时候，我们也能够模糊地判断出自己处于愤怒状态。

但如果这时有人让我们详细描述一下这种情绪，我们便会震惊地发现自己根本说不出一个子丑寅卯。

我们很难掌控或管理那些认识模糊的事物。

如果现在让你管理一个100人的团队，你会怎么做？

我想大多数人都会从了解当前的情况做起。

管理自己的愤怒情绪也是一样。

这就是为什么愤怒管理强调首先要尽可能准确理解焦躁和愤怒的情绪。在下一节，我们将具体讲讲怎样了解它们。

我们很难管理认识模糊的事物。

首要任务是尽可能准确理解事物。

像动物观察日记那样记录自己的愤怒

你觉得记日记的人和不记日记的人哪一类更擅长愤怒管理？

正确答案是：记日记的人。

愤怒管理中有一项技法叫作愤怒记录。这是一种记录自己愤怒情绪的方法，目的是尽可能准确地把握愤怒情绪。

可以将其比作擅长理财的人记录的家庭账簿，也可以是减肥期间所做的体重记录。

通过记录，你可以更好地了解自己的愤怒。

如果你想正确管理、妥善处理愤怒，首先你必须充分了解它。而记录是最为行之有效的方法。

例如，我们可以记录以下内容。

"我到底在生什么气？"记录愤怒的对象和内容。

"我有多生气？"记录愤怒的程度和持续时间。

"我为什么会生气？生气背后潜在的价值观是什么？"记录愤怒的来源，也就是自己的思维方式和价值观。

我们要尽可能详细地记录这些内容。

这就像是在写植物或动物观察日记。

一段时间以后当你回顾这些记录，一定会有所发现。

比方说你可能会发现自己已经冷静下来了——当时气得要命，现在想想，实在犯不上那么生气。

如果记录的时间跨度足够大，你可能就会汲取到一些经验教训，比如我发现我以前在类似的事情上发过火。

了解愤怒情绪，从记录开始。

希望我们都能养成记录愤怒的习惯，不仅大发雷霆需要记录，微不足道的愤怒也不可忽视。

养成记录愤怒的习惯。

像观察动物那样观察自己的愤怒，

有助于我们冷静地看待事物。

愤怒的根源是渴望他人的理解

愤怒具有诸多特性。

特性之一，就是我们更容易对亲近的人、渴望得到他的理解的人发怒。

比方说，你有一个非常渴望实现的梦想。如果是一个今天刚刚认识的人对你说"这不是空想吗"，你也许不会太在意。

当然你也可能稍感不快，但很快便烟消云散。毕竟你们才刚认识一天，不能强求对方理解自己。

然而，如果说这话的是你亲近的人，比如父母、配偶或者好朋友呢？

同样是一句"这不是空想吗"，比起刚认识的人，遭到亲近的人的反对时，很多人都会格外生气。

区别就在于亲疏远近。

人们对亲近的人总是抱有很高的期望，期望他们理解自己、支持自己、尊重自己的意见，但是期望越高，失望越大，结果也就越生气。

一般来说，最难管理的就是对亲朋好友的愤怒。事实上，很多咨询者都和家人有矛盾。

其实我和父亲的关系就很糟糕。

我的父母都是公务员，我却选择了一条截然相反的道路——创业。

即使我成年以后，我和父亲对事物的看法也时有不同。

在父亲心中，稳定是人生的头等大事。我则认为比起稳定，有一份劳有所得的工作更重要。

父亲说"要扎根农村，一步一个脚印"，我却说"乡下枯燥的生活令人窒息"。

在第1章，我曾谈到愤怒源自价值观的差异。我和父亲的价值观就存在这样一道鸿沟。

如果他只是一个陌生人，那么我会心平气和地想："这不过是看问题的角度不同罢了。"但他是我的父亲。无论发生什么，他在我心里也有着沉甸甸的分量。

因为在我内心深处，我渴望得到他对我的理解、对我生活方式的尊重。

为此我和父亲发生了无数次针尖对麦芒的碰撞。

你越是希望某人理解你、尊重你、爱你，一旦事与愿违，你就越容易感到愤怒。

因此，如果你经常对亲近的人发火，其实事情的本质是——我想让他理解我、我是多么希望他能站在我这边、我很在乎他。

感到愤怒，并不意味着你讨厌对方、怨恨对方。认清这一事实，也可以抚慰你的心灵。

关键是要重拾健康的心态——正因为我在乎他，所以我不能随随便便发火，而要寻求建设性的解决方案。

当亲近的人、重要的人让我们感到愤怒的时候，关键是要意识到这种愤怒的本质是渴望得到对方的理解，而后重拾健康心态，寻求建设性的解决方案。

愤怒的背后可能是焦虑

A先生是一家中型公司的销售部长。

每当销售额稍有下滑，他都会大呼小叫地质问下属："这些数据是怎么搞的？"

遇到销售淡季，他也会训斥下属说"赶快去想想办法""怎么能搞成这个样子"。他心里也知道方式欠佳，但是又觉得"为了公司，严厉一些也情有可原"。

但是，当下属向他抱怨说"干不动了"，当他看到下属一脸疲态地坚持工作，当他送别辞职的下属时，也难免产生"不能再这样下去了"的念头。

那么，面对这种情况，A部长该怎么办呢？

在我看来，A部长不是易怒，而是焦虑。

可以说他的愤怒来自焦虑。

俗话说，咬人的狗不叫。反之，狗的体形越小、体格越弱，就越畏惧周围的危险，也就更加焦虑。因此，它们便会频繁狂吠，也就是激活愤怒这种自卫机能。

人类在某些方面也与此相似。一个人越是焦虑，就越易怒。

我曾经也是性如烈火。也可以说，我曾是一个非常焦虑的人。

我认为，过去的我之所以如此焦虑，是因为与我的成长经历有关。

著名心理学家阿德勒围绕亲子关系和人格曾有这样一段论述：

"对孩子来说，家庭就是整个世界，没有父母的爱，他就活不下去。这种求生策略直接影响其人格的形成。"

我的父母都是公务员。一方面他们信奉：作为人民公仆，要为黎民百姓谋福利；另一方面他们渴望稳定，认为公务员有稳定的收入。说好听一点这叫作追求安居乐业，但是这种追求背后可能更多的是一种缺乏安全感的焦虑。

我是由父母带大的，在这一过程中，我在某种程度上接受了他们因为缺乏安全感而要追求稳定的心态。

这种心态会带给我怎样一种导向呢？

因为从小父母就常常教训我"这个你不能做""那个你还做不到"，所以较之于"我能做什么"，我更关心"我不能做什么""我什么时候才能做到"。

现在回想起来，我的父母非常焦虑，他们最深层次的愿望应该是"我们的孩子这辈子都要稳稳当当，不要遇到什么大风大浪"。对此，我现在可以理解，但是年少的我百思不得其解。

结果，我满脑子都是那些"我不能做的事情""我目前还做不到的事情"。

心态平和的人看到半杯水，会想"还有半杯水"。焦虑不安的人看到半杯水，心里想的却是"只剩半杯水了"。

案例中的A部长就像是曾经的我。

销售额略有不足——事实上在旁人看来已经足够好

了——他也只会盯着那一点点的不足。

因此，我认为想要富有建设性地解决 A 部长的问题，与其管理愤怒，不如管理焦虑。

因为我也曾是一个焦虑的人。

我的亲身经历证明了消除焦虑有助于减少愤怒。

我在美国工作时，一旦发现自己的业绩不如同事，就会变得很暴躁，甚至还和上司发生过冲突。

然而，当我意识到我的愤怒来自焦虑之后，我便能够沉着冷静地审视业绩数据，从中发现我的业绩完全可以提升，不需要无谓的焦虑。随后我便全神贯注地制定了工作策略。

而且我告诉自己，"即使业绩下滑，被公司解雇，也不要担心，大不了换一家公司东山再起"，从而平复了焦虑的情绪，把更多的精力投入工作当中。

最终，在我妥善地处理好了焦虑情绪之后，我再也不那么易怒。

愤怒来自焦虑。

探寻愤怒背后的焦虑，直面焦虑，消除焦虑，也是一种管理愤怒的方法。

焦虑会让人变得易怒。

探寻存在于愤怒背后的焦虑，思考如何消除焦虑。

要把愤怒的重心放在目标而非原因上，放在未来而非过去

说心里话，我真的不清楚是一个严厉的领导者好，还是一个温和的领导者好。

不过，在愤怒方面，无论是哪一种领导，都要遵循一个原则。

这就是健康的愤怒。

何为健康的愤怒？

这里就要提到愤怒管理中非常重要的概念之一——聚焦解决方案。

聚焦解决方案指的是专注于实现目标或理想的解决方案，而不是纠结于原因和理由。

例如，上司责备下属说："你为什么赶在那个节骨眼儿上犯了这么大的一个错误！"通常这一类批评并不是在询问理由，只是在发泄情绪，为了批评而批评。

更好的方式是什么呢？"错已经犯了，事已至此，赶紧好好想想怎么挽回损失吧！"这种提示解决办法的训斥方式有利于让下属打起十二分的精神。

又比如说，夫妻两人吵架，妻子质问丈夫："你为什么不帮我做家务？"这种询问原因的方式只会让丈夫感受到一种遭人数落的狼狈。

如果妻子说"我一个人很难兼顾工作和家务。我希望你能帮我做一些家务，这样咱们的日子才能过得更好"，用描绘幸福美满的婚姻生活的方式表达帮忙做家务的需求，丈夫应该会更乐于接受。

发火时，要把重心放在目标和理想上，而不是追问原因。

同样，要畅谈未来而非纠结过去。

20世纪60年代，在美国黑人民权运动中居功甚伟，曾获得诺贝尔和平奖的马丁·路德·金发表过一次著名的演讲。这篇感人至深的演讲词中呐喊道：

"*I have a dream.*（我有一个梦想。）"

接着是"昔日奴隶的儿子将能够和昔日奴隶主的儿子同席而坐，共叙手足情谊""我的四个孩子将在一个不是以他们的肤色，而是以他们的品格优劣来评价他们的国度里生活"。

尽管民权运动始于对种族歧视的愤怒，但是这篇演讲并未谴责歧视的原因，而是展望未来，勾勒理想。

正是这一点打动了人心。

发泄怒气、表达不满的时候，不要纠结过去和原因。要有意识地把重心放在未来、目标和解决方案上。

居高临下发怒时，要遵循一以贯之的标准

　　前文谈到，愤怒具有自上而下流动的特性。因此，我们需要小心谨慎，以免无意间将自己的焦躁和不满发泄到地位较低或较为弱势的人身上。

　　当然，有些时候我们会感到极度的愤怒或是已经到了是可忍孰不可忍的地步，除了当场发作别无他法，即便对面是弱势群体。

　　在这种情况下，我们要注意什么呢？

　　上司A先生有两个下属，分别是B先生和C先生。B先生曾在一次下订单的时候出现了纰漏，导致所需材料没

有按时送达，影响了工程的后续进度，生产未能按计划进行，他也不得不向客户和其他相关方面道歉。

上司A先生自然对订货失误的B先生进行了严肃批评。而且不巧的是当时A先生还有其他的烦心事，于是迁怒于B先生，狠狠地冲他发了一通脾气。

B先生觉得自己错不至此，这件事让他一直耿耿于怀。

再说C先生，他最近也犯了类似的错误，给客户和其他相关人员造成了不少的麻烦。不出意外的话，他也会像B先生一样，被劈头盖脸地教训一番。然而不知为何，A先生只是轻描淡写地提醒了一句下次注意，并没有严厉地训斥C先生。

B先生看在眼里，心里不是滋味。凭什么当初自己被臭骂一顿，眼下对C先生不予追究？他不仅心中委屈，也开始对A先生抱有强烈的成见。

两个人犯了同样一个错误，结果你训斥了其中一个，宽恕了另外一个。这就叫作愤怒缺乏一以贯之的标准。

如果你在发怒的时候做不到一碗水端平，那么你在下属中间就会威信扫地，职场也会被你搅和得乌烟瘴气，工作举步维艰。

你要发火的时候，最重要的当然是要理由充分，但也要保证始终如一。当你居高临下发火时，这一点尤为重要。

如果你想要让自己的愤怒遵循一以贯之的标准，那么我向你推荐一个方法——记录。

前文我们介绍了一种叫作愤怒记录的方法。我们要做的就是以愤怒记录为基础，练习制定愤怒的标准。

首先，记录并经常重温愤怒记录，从中挖掘自己自上而下发怒时有规律性的内容、强度、愤怒的触发点。

接着分析自己的愤怒习惯，比方说"看到有人在浪费时间，我容易生气""看到有人办事不考虑效益，我容易生气""看到有人只重效率不重客户，我容易生气""看到有人不会独立思考，我容易生气"，等等。

然后，审视这种愤怒是否合理，是否符合自己想要塑造的价值观。

最后，在既合理又必要的情况下，我们才会真正对下属或孩子发火。

愤怒时，一定要遵循一以贯之的标准。

任由愤怒自上而下地流动，只会招致人们的反感。

任何情况下，都要确保愤怒的标准始终如一。

自下而上发怒时，要善用反差

有些上司对自己的弥天大错遮遮掩掩，对下属的错误反倒是当众大肆宣扬。

有些上司在听取汇报的时候总是心不在焉，等到部门之间发生纠纷时，他们又蛮横地说"我没听你说过"。

一提起这些上司，人人都恨得牙根儿痒痒。

但问题是，他们的职位比你高，就算明知道他们在无理取闹，我们也不便当场发作。

那么，遇到这种情况应该怎么办呢？

我曾在一本杂志上读到前外交官佐藤优先生的一篇文

章，我觉得值得借鉴。

文章写道，一位资深外交官曾这样教导佐藤先生：

"平时说话，音量越小越好。（中略）如果平时大家习惯了你的大嗓门，那么到了关键时刻，你就算再怎样吼叫，也显得毫无气势。人的气势就来自紧要关头和日常的反差。所以，平时说话的音量足以让别人听到就行了，这样当你怒吼时才有效果。"（《周刊东洋经济》2016年2/13号）

这段话可以说是对如何自下而上表达愤怒大有启发。

平常作为下属，要尽量心平气和地讲话。即使你对上司有所不满或怨气，也要努力保持克制。

但是，当你遭到不公正的对待，或是被强加一些无理要求，也就是此时不发火更待何时的时候，你可以用比平时更响亮的声音和更强硬的语气，告知对方"我不想干""请你住手"。

大多数时候，这种与平时的反差足以震慑上司并让他改变态度。

不仅是语气或音量，你同样可以利用态度落差来凸显气势。

可想而知，如果一个人成天怪话连篇、三天两头跳脚，那么周围的人就会逐渐适应这种愤怒。

反之一个平时慈眉善目的人突然发怒，势必会让旁人大吃一惊。

愤怒的气势来自关键时刻和平时的反差。

平时对于鸡毛蒜皮的事情要学会隐忍，努力保持克制，这样在紧要关头，只需提高音量，就足以凸显愤怒的气势。

将心中的愤怒细化分类，锁定愤怒的触发点

当愤怒积攒得越来越多，人就会进入看什么都不顺眼的状态。

例如，在一个夫妻双方都在外上班的家庭，妻子一直不满丈夫不帮她做家务和看孩子。后来发展到哪怕是看到丈夫在看电视或悠闲地吃饭，妻子也会生气。有时在气头上，妻子面对因为工作而晚归的丈夫都要数落两句——干个工作磨磨蹭蹭的，动作就不会麻利点儿吗？

丈夫的一举一动都会让妻子火冒三丈。

对于这种情况，我的建议是把愤怒细化分类，锁定愤

怒的触发点。

这个建议主要包括两个方面：①愤怒细化分类；②锁定愤怒的触发点。

首先，细化分类丈夫让妻子感到愤怒的行为。

简而言之，妻子对丈夫的愤怒就是丈夫不帮她做家务和看孩子。第一步我们要把这句笼统的描述具体化。

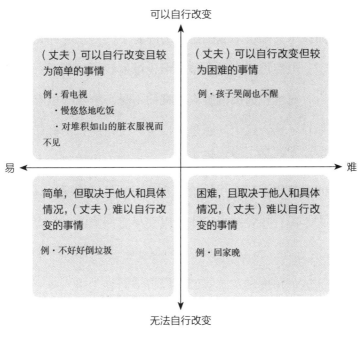

图3-1　将愤怒细化分类并填入象限

如图3-1所示，你可以把具体内容都写下来，比如看电视、慢悠悠地吃饭、回家晚、对堆积如山的脏衣服视而不见、孩子哭闹也不醒、不好好倒垃圾，等等。

然后，把它们填入各个象限，从而锁定愤怒的触发点。纵轴表示的是可以自行改变的事情、无法自行改变的事情，横轴表示的是难度高低。

看电视、慢悠悠地吃饭是（丈夫）可以主观改变的事情。而孩子哭闹也不醒则是因为睡着了，处于一种无意识的状态，虽然可以主动调整，但是难度较高。

再看对堆积如山的脏衣服视而不见，脏衣筐里衣服的数量一目了然，这个问题是可以自行改正的；不好好倒垃圾要看能否达到妻子的标准，一定程度上取决于他人。

回家晚则要看上司的脸色和公司的具体情况，自己做不了主，而且想要减少工作量以便早点回家的诉求也很难实现。

从这个角度出发，我们可以将愤怒逐一填入对应的象限，从左上角的可以自行改变并且较为简单的事情着手，冷静地向你的丈夫表达不满。

如果你没有将愤怒分门别类地整理好就一股脑儿地抛给对方，那么对方显然难以接受。

请牢记细化分类愤怒，锁定愤怒触发点这个技巧。

如果愤怒积攒过多并且像一团乱麻，那就可以先将愤怒细化分类，从中挑选出易于改变的部分，然后再告知对方。

与其表达不满，不如将诉求可视化

上一节介绍的方法虽然具有一定的成效，但也有弊端。因为白纸黑字地写出不满、表达不满，有可能会引发双方互相指责。

有一个好办法可以解决这个问题。

我们可以借鉴作家犬山柴子女士在网络杂志*Mamastar Select*分享的故事。

犬山女士曾经也因为忍无可忍而对丈夫抱怨道："如果你还是像这样当甩手掌柜，那么我就没办法兼顾工作和家务活了！"

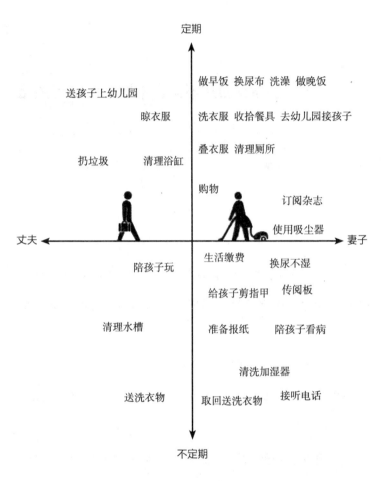

图3-2　将诉求"可视化",提升可行性

然而丈夫的回答是："我觉得自己已经做得够多了。"犬山女士不禁一时语塞，但是她很聪明。她没有选择发火，而是做了另外一件事。

如图3-2所示，她所做的就是将需要干的家务活可视化。

横轴是由丈夫或妻子主要负责的家务活，纵轴是家务活的频率。

写出来以后，一眼就能看出妻子干得更多。丈夫看到这张纸以后，顿时哑口无言，心服口服。

随后，犬山女士把这张纸贴在了冰箱上，让丈夫从右下角不定期的妻子的家务活开始帮忙。

最后，只要丈夫一看到妻子情绪变得暴躁，就会主动去调整一下那张纸上家务活的分配，或是直接询问妻子这个活要不我来干吧。

案例里的犬山女士让我觉得钦佩的地方在于她没有写出不满，而是写出诉求。如果照搬上一节介绍的方法，将不满可视化，那么就相当于在不停地提醒妻子生气，丈夫看到以后也不会有什么好气。

但如果只是写出诉求就不必担心了。

即使我们在因为没人帮助自己而感到愤怒的时候看到这张图，也不会激化愤怒的情绪，反而会把注意力集中在需要做的事情上。

用简单的图表展示出需要做的事情，而不是用它们来展示不满。

而后从能做的地方做起。

思考对社会问题的愤怒是否有益于自己的人生

中国儒家学者朱熹曾说过这样一句名言：血气之怒不可有，义理之怒不可无。

这句话的意思大概是说，不要因为琐碎小事而冲动，但是在道德伦理层面要能够挺身而出。

跨越大海，在遥远的中东和非洲，依旧是战火纷飞、硝烟弥漫。

肯定有人为此而心痛，为无法阻止战争而悲愤不已。

这种愤怒是正常的。我们也应该因此而愤怒。

有的人正是因为痛恨这个世界战乱不息，才成为记者、政治家。

我认为，以愤怒"悲愤"为契机，怀揣着让世界变得更加美好的宏愿而投身于这些职业，这一行为非常伟大。

然而，如果一个普普通通的职员在上班的时候说"世界和平尚未实现"以至于他无心工作，你会做何评论呢？

如果一个一天到晚柴米油盐的家庭主妇，义愤填膺地对你说"天下真不太平"，你又会有什么感想？

显然这种愤怒已经影响到了他们的日常生活。

也就是说，我们理应心怀天下，为苍生而忧愤，可是倘若这种愤慨干扰了当前的工作和生活，就是本末倒置了。

这种愤怒有它存在的道理，但是要学会适可而止。

作为社会的一分子，对社会问题保持愤怒是一种宝贵的品质。

看到报纸和新闻，拍案而起，痛斥政治一塌糊涂——这是生活的一部分。为了留给子孙后代一片蓝天白云，愤而投身环保事业——这也是一种健康向上的宣泄方式。

不过，常言道，过犹不及，一旦你发现自己正在因此而变得越来越暴躁，身边反感你的人越来越多，这时你就该反思自己是不是做得过度了。

关键是要思考这种愤怒是否有益于自己的人生。

思考这种愤怒是否有益于自己的人生。

对社会问题保持愤怒是一种宝贵品质，但也不能因此忽视了自己和身边人的生活。

「怒り」を生かす 実践アンガーマネジメント

第4章

有火发不出，应该怎么办？

想想那些惹你生气却让你讨厌不起来的人
都有哪些特质

在举办众多愤怒管理培训、研讨会和讲座的过程中，我发现有不少人向我倾诉，说他们有火发不出。

一边是有些人过于频繁地向别人宣泄怒气，一边又有些人不会生气，而且我感觉后者当中的日本人特别多。

在第4章中，我想谈一谈日本人普遍存在的有火发不出的烦恼。

为什么想发火却发不出来呢？

当我询问那些发不出火的人为什么有火发不出之后，我得到了这些答案。

· 我担心生气会破坏人际关系。

· 我不想因为生气而被人讨厌。

· 冲人发火以后我会觉得很不好意思。

总而言之，他们害怕生气会给对方留下不好的印象，损害人际关系或者是导致对方讨厌自己。

我可以直截了当地告诉大家，这个回答是错误的，很多时候它都只是一种偏见。

在愤怒管理领域，我们把我应该、我必须之类固化的思维方式称为核心信念。核心信念是一种罔顾事实、固执地认为自己永远正确的价值观。

想发火却发不出火的人都有这样一种顽固的核心信念——生气会给人际关系造成负面影响，因此不能生气。

愤怒当然会带来负面影响。

但是，在社会交往方面，愤怒也有"积极"的一面，比如表达自己的情绪、加深相互理解、回击他人的蛮横态度等。

不能辩证地看待愤怒，片面地认为不能生气，才造成了有火发不出的状况。

那么，怎样才能学会生气呢？

答案就是将不能生气的核心信念转变为不惧生气。

可能有人会说，核心信念不可能一夜之间就转变过来。

这种质疑也在情理之中，不过我请大家回忆一下，自己有没有经历过下列情形。

"争执之后人际关系并没有破裂。"

"有些人经常发火，但总让人讨厌不起来。"

"你冲他大发雷霆，他回头还来感谢你。"

没错，我们要看到愤怒积极的一面。

原来因为这些事情发火是可以的呀，居然还能那样发火……通过反复分析这些案例，相信很快你就会有类似的领悟。

久而久之，你就会产生"遇到这种情形我也可以试着发发火"的想法，渐渐转变自己的核心信念。

无论如何都不能生气，只不过

是一种偏见。

多想想愤怒积极的一面，树立

不惧生气的核心信念。

实际发一次脾气有助于形成
该生气就生气的意识

即便如此，我们也不可能立刻就把不能生气这种价值观（核心信念）变成不惧生气。

这时我们可以尝试其他方法。改变行为是改变价值观的另一个有效方法。

比方说想要改变某人不擅长运动的观念，那么无论是什么运动，第一步就是先让他动起来，之后他才有可能产生我确实玩不来棒球和足球，不过游泳让我很快乐之类的感触。

又比方说改正挑食的毛病，首先要精心烹制，把食物吃进嘴里。而后说不定就会发现自己虽然接受不了生吃，但是做熟之后还是能入口的。

行动在改变价值观方面往往效果显著。

因此，如果你想要改变根深蒂固的不能生气的价值观，那么一开始就要真刀真枪地发一次火，不必介意对象是谁。

在练习发火时，我建议火气要由小及大、由弱到强。

对于那些有火发不出的人来说，面对他人的刚愎自用和无理取闹，他们早已习惯于忍气吞声。换言之，想要让他们意识到不惧生气的难度比一般人大得多。

这意味着他们要试着降低不惧生气的门槛。

具体来说，就是设想一些自己有火发不出的情形，再想想应该怎样表达愤怒。

情形一：工作多如牛毛，然而一个不思进取的下属却把工作甩给了同事，独自一个人到点下班回家了。

设想发火时要说的话："大家忙得不可开交，你就不能多干一点吗？我知道你下班之后有不少安排，可是谁又不是呢？"

情形二：隔三岔五向我哭穷，却总是去超市买一些没有用的东西，要不就是买一大堆大同小异的衣服。

设想发火时要说的话："你能不能把钱用在刀刃上？"

情形三：上司缺乏时间观念，经常随意更改开会的时间。

设想发火时要说的话："在现场的人都很忙，他们都是专门挤出时间来开会。还劳烦您改时间之前考虑考虑大家。"

就像这样列举几个如果不发火就会平添压力的事情，然后从中挑选一个看上去比较容易发火的事情，试着向对方表达自己的愤怒。结果你可能会惊讶地听到对方说"对不起，我下次注意""实在抱歉，哎呀，你早点告诉我就好了"。

你的做法也许会激怒对方，但是事后对方冷静下来，深思熟虑之后，可能也会改变态度。

当然，表达愤怒时，你不必大喊大叫、歇斯底里，冷静地告诉对方"我对……不满""……让我很生气"就足够了。

在某种层面来说，愤怒是表达个人想法的一种方式。

你可能会得到赞同，也可能不会。

但如果连表达都不表达，你甚至都无从知晓他们的态度。

因此，勇敢地去尝试生气吧。

事实上，越是那些平时有火发不出的人，真正发火的时候越能收获好的效果。

尝试生气之后才有可能真正理

解不惧生气的意义。

在有火发不出的情形当中找寻

愤怒的触发点，从看上去比较

容易发火的事情着手不断练习。

尽量不要抱怨，因为抱怨是在大脑里回放糟糕的经历

压抑愤怒、有火发不出的特质导致日本人普遍都有另一个毛病，这就是经常抱怨。

不过，我可以明确地告诉大家我的建议：尽量不要抱怨。

这是因为重复述说同一件事情就像是在背诵英语单词，其结果就是加深这段记忆。

换句话说，翻来覆去讲述你讨厌的事物，会让糟糕的记忆在你的脑海中变得根深蒂固。

比方说，一位工位在你旁边的老员工，像监视你似的不停地对你的工作指手画脚。你可能觉得他很烦人，但在

外人看来，对方的指点显然没有什么恶意，毕竟和你相比他更有经验。

你一直默默忍受着这种烦躁的心情，但是这种情况又不便直接喝止对方。

因此，你可能会在和朋友喝酒的时候或是在下班回家以后，抱怨说"隔壁前辈真烦人，今天又跟我唠叨个没完"，然后你的大脑就不可避免地回放当天糟糕的经历。

这些经历不断回放会有什么后果？

你相当于在一遍又一遍地回味自己和前辈相处时那种烦躁的情绪。

最终，这种前辈真烦人的糟糕体验将牢牢扎根在你的大脑之中，让你对那个人的一举一动更加反感。

所以，我建议大家尽量不要抱怨。

如果你想要找人倾诉，你不妨谈谈自己最近痴迷的爱好或是对方喜欢的电视节目，这样你的大脑就不会再有多余的空闲去回忆那些怨气。

如果你觉得不吐不快，那么你可以限定好时间和次数，比如只说一次，一次只说5分钟。

抱怨会让糟糕的情绪卷土重来。

尽量不要让抱怨出现在日常生活当中，如果不吐不快，也要尽快结束。

不要用四处散播焦虑的方式缓解愤怒

有火发不出的人大都有这样一个毛病——用暴躁的态度告诉别人自己心里有火。

然而，无论是对自己还是对周围的人来说，这都不是一种健康的或有建设性的态度。

比方说，一个上司本想对脑子不灵光、工作不出色的下属发火，但这个火又发不出来。结果他在布置工作的时候始终黑着脸，影响了所有下属的工作状态。

一名职员，遇到了态度恶劣、明显是在无理取闹的客户，但又不便当面摆明态度。于是这名职员带着情绪继续接待其他客户。可是其他客户并不了解个中原委，只觉得这人的态度有问题，结果间接影响了店铺的声誉。

再比如有一位妻子，面对刁蛮而又我行我素的婆婆敢怒不敢言。她知道生气没有用，但心里又别扭，因此一见到婆婆就没有好脸色。结果导致丈夫、孩子，甚至公公都感到无所适从。

一旦发生上述情况，不单是我们自己，连同身边的人也会陷入麻烦之中，而且大多数时候这些麻烦的后果还是要由自己承受。

有些场合我们不能生气，有些人即使我们大发雷霆他们也无动于衷。

但是，如果你用焦虑的态度去表达有火发不出的情绪，就会殃及无辜，甚至伤害支持你的伙伴和其他对你来说很重要的人。

那么我们应该怎么做呢？

直白一点来说，焦虑、愤怒反映的是人心里的一种期望。比如我现在很难受，我希望你能理解我；我现在苦不堪言，我想要改变这种状况。

那么，你为什么不考虑用其他方式来治愈痛苦的感受呢？

既然想要发火的情绪的根源是痛苦，那么只需治愈痛苦，情况就会大有改观。

例如，我有一位生意人朋友，他每次要去拜访那些棘手的、容易让他有火发不出的客户的时候，都会先去唱一次单人卡拉OK。也许有人会说他这是在逃避，但我觉得这总要好过他带着焦虑的情绪去接待客户。

又例如我的另一位女性朋友，她和婆婆关系不好，因此每次去婆婆家之前，她都会去美容院放松减压。

我们可以效仿我的这两位朋友，寻找可以治愈内心痛苦、让自己更加轻松自在的方法。

当你感觉有火发不出的情绪让你在待人接物时变得焦躁不安，那么不妨试试其他方法，间接平息自己的愤怒。

不要用散播焦虑的方式缓解有
火发不出的愤怒。
要用适合自己的方式消除痛苦，
平息愤怒。

就算你生气也不能把我怎么样，要学会适度刁难别人

"你什么时候才能把材料改到我期望的水准？"上司不但三番五次地要求修改材料，而且还轻描淡写地来了一句"明天之前交给我"。

面对这样的上司，A先生直言不讳："请问您期望的水准究竟是什么水准？麻烦您说得具体一点，不然我不好修改。"

B先生表面上只回复了一声"明白了"，实际上牢骚满腹。他失落地想："又白费劲了！摊上这么一个顶头上司，真是气死个人。难道是我哪里做得不好？我不会真的

能力欠缺吧？"

与A先生相比，B先生是典型的有火发不出的性格。

从某种意义上说，B先生很有耐心。做不好是我的错、承认做不到是软弱的表现，这些想法都说明他是一个严格要求自己的奋斗者。

然而，这种性格可能会导致他自怨自艾，片面地认为是自己不对、自己实力不足、自己努力不够。

他不会表达内心的焦虑和不满，因为无处宣泄，所以他只能将矛头指向自己。

稍有不慎，这种重压就会引发身心疾病。这样一来就本末倒置了——愤怒情绪本来的作用是保护自己，结果却伤害到了自己。

反观A先生，哪怕只有一点小小的疑问，他也会大大方方地告知对方指示不清，坦率地表达为何"我不好修改"之类的不满。这一类人时常把难题抛给别人，"就算你生气也不能把我怎么样""直截了当地说出自己的想法也没什么大不了"。在人际交往当中，适度的刁难反而会让我们活得更加轻松。

因此，如果你是像B先生这样严于律己、宽以待人，对他人发不出火的人，那么你也不必勉强自己去发火。

对你来说更重要的是要练习与他人相处时稍微强硬一些，勇于向他人表达自己的情绪，从而让自己更加信赖他人。

例如，如果你的上司像本节开头那样严厉地训斥了你，而你又不清楚具体是哪里出了问题，那么你可以试着开口告诉对方"我现在无从下手"。

或者，如果你觉得自己难以达到对方期望的水准，那就可以坦诚地告诉对方"难度太大，我做不到"。

不断实践，积累经验，你会渐渐意识到自己心生反感或是苦不堪言的时候，发一次火也没什么了不起。

会发火的人，往往也是会把难题抛给别人的人。

适度刁难他人、坦率地表达情绪，有助于树立不惧生气的价值观。

提建议要具体，要加上"下次"

有火发不出的人经常因为思考"我怎么发火比较合适""我要把话说到哪种程度"而错过发火的时机。结果，压力越攒越多。

可是，将愤怒憋在心里并不能改变这种状况。

如果你想要改变现状，你需要告诉有火发不出的对象，你究竟想让他怎么做。

假设某个下属让你想要发火，但是有火又发不出。

发火的目的是让对方了解你的感受和需求。

因此，你完全没必要提高嗓门或是大喊大叫。

你只需要具体、简短、明确地说出你的要求。

比方说，你是一位上司，你和下属约好开会，结果对方在没有预先通知的情况下迟到了。问及原因时，他回答说"拜访客户去了"。

这个案例中存在着两个让上司愤怒的触发点。其一是既然要晚到一会儿，去拜访客户之前可以抽空打电话通知一下，其二是拜访客户也应该事先向上司汇报一下。

那么你就可以这样提出自己的需求：

"下次，如果在客户那里走不开，不能准时回来开会，你看能不能从客户那里出来以后马上给我来个电话？"

"下次，如果开会的日期和拜访客户冲突了，你看能不能提前和我说一声？"

要点有很多，但最重要的一个词是"下次"。

有火发不出的人在忍无可忍、愤怒爆发的时候，常常会有这样一种行为。

"你为什么不通知一声？""你怎么连电话也不打一个？"这种行为就是不停地追问原因，为了发火而发火，没有任何实际意义。

想要避免这种行为，我建议加上下次这种向前看的词语，提出自己的期望。前文也谈到过，在表达愤怒的时候，展望未来更富有建设性。

此外，还要尽可能具体地阐述自己的需求，要具体到情况、时间、方式。

例如，如果在客户那里走不开，从客户那里出来以后马上来个电话。

你还可以告诉对方让他这样做的原因。

例如，"如果来不及参会，那么尽早联系我，我可以协调其他人重新安排时间""会后还有其他安排，以免给别人添麻烦"，从而让对方明白提前通知的重要性。

用"希望你下次……"的方式向对方提出具体的建议。

并且明确给出"为什么希望你这样做"的理由。

请把握好这两个要点，大胆尝试一下吧。

看似是在追问原因，实则是为了发火而发火，这种方法不可取。

建议要着眼于未来，告诉对方……

『希望你下次……』

练习在短时间内找到合适的措辞

我曾受邀参加一个由大牌喜剧演员主持的综艺节目。

这次经历让我认识到，想要在电视节目有限的时间里，简单明了地向尽可能多的人传递信息，是一件多么困难的事情。

比方说，用短短的四五句话概括这本书中所写的内容，并且要在很短的时间里表述出来，还要让观众理解，这需要很高明的智慧。

我不禁陷入深思，究竟用怎样的语言表述才能更有吸引力。

因此，我和负责人反复沟通，共同斟酌用词。负责人给予我详细指导，比如刚才这种说法比现在好一些、这种表述观众是听不懂的、总时长需要再缩短5秒钟。

他们的根本原则是要吸引眼球。

而我作为一名愤怒专家，更重视减少表述的误解。

可以说，是一场电视摄制组和我之间的斗争，前者希望用朗朗上口的表达方式吸引人们的注意，而我则希望更加准确地传递信息。

与他们共事对我来说是一次很好的学习经历。

因为在表达愤怒的时候，措辞非常重要。

所谓有火发不出的人，一部分原因正是词汇量匮乏，找不到合适的语言。

人们在生气时经常张口就是"你怎么怎么样"，但如果把一上来的称谓换成"您看您……"，给人的感觉就会大不相同。

仅需只言片语就能收获截然不同的效果。

因此，遣词造句、斟酌用词十分重要。

愤怒这种情绪可以有很多种表达方式。

当你不是特别生气，你就不要说"……让我愤怒"，"……让我上火"之类的说法会更加贴切。

日常生活中，我们要关注自己常用的词汇能否准确表达愤怒的强度和内容。同时我也建议大家努力增加表达愤怒的词汇量。

而另一项练习也很重要，就是在尽可能短的时间里说出自己的感受。

人在愤怒的时候，常常会不自觉地说个不停。想法感受倾泻而出，但站在听者的角度，这只会让他们感到啰唆。

为此我们要做假想练习，假想你想要发火的对象就在眼前，然后开始计时说话。

比方说，第一遍你可以想到哪里说哪里，记录一次时长。

第二遍开始前对自己想说的话稍做整理，看看能否将时间压缩一半。

这个练习可以让你的表达更加凝练，在短时间内找到合适的措辞。

上电视的经历让我确信，它可以帮助我们更好地表达愤怒。

学会发脾气，才能好情绪

试着增加词汇量。

并且要在日常生活中关注自己的表述能否准确表达自己的情绪。

表达不满要及时，要把主语换成"我"

我始终认为该生气就生气没有任何问题。

但是生气也要看场合。

比方说，有个人因为业绩不佳，被调到了其他部门。

调任后不久，他便在一个项目中大获成功。然而在庆功宴上，他竟然大肆批判起了自己的前任上司：

"我之前的上司简直坏透了，企划但凡有一星半点儿的瑕疵，就全部毙掉，对待下面的人态度也非常粗鲁。这还不算，他自己是一点产品知识也不懂……"

这显然不是一个表达愤怒的好方法。

有火发不出的人经常不合时宜地宣泄他们积攒已久的怨气，这便是一个典型的例子。

拿这个例子来说，即使前任上司真的像他说的那样不堪，也最好不要在新工作刚有起色的时候回过头去指责前任上司，这种态度并不可取。

因为这只会给人一种小人得志的印象。

当你生气的时候，一般来说，最佳方式是及时发作，不要间隔太久。

尽量不要说"我忍了很久了……"之类的话。

这是因为很多时候对方已经将前因后果都忘得一干二净了，甚至还会反问你"当时为什么不说"。

如果未能及时说出口，那该怎么办呢？

就此作罢，等待下一个时机。

然后，你可以利用接下来的这段时间思索下次要说的具体内容。

如果你想给对方留下更深刻的印象，那么可以在真正发火之前做一个铺垫，比如"有些话不太好意思说，但是……""这只是我个人感受，不过……"，以便让对方做好心理准备。

而且这些铺垫的重心要放在"我"，比如"这只是我个人感受、我这人有一说一"，从而区别于共识。

"不应该迟到。"

"成年人不要找借口。"

如果你用这种笼统的"共识"来批评对方，对方很容易产生逆反情绪。没有人想要听别人说教。

"我不喜欢别人迟到。"

"我不喜欢别人找借口。"

尽可能把主语换成"我"。

在对方看来这只是你的个人观点，因而更容易接受。

这些要点看似不起眼，但是长期坚持下去就会发挥大作用。

对于有火发不出的人而言，这些都是必备技巧。

愤怒要及时表达。

表达之前要加上一句铺垫，让对方

有心理准备，要把主语换成『我』。

与其后悔反省，不如努力证明自己

　　A先生以80万日元的价格承接了一项工作。然而完工后，客户方负责人B先生以制作费不足为由，单方面要求减免20万日元，A先生无奈地接受了。

　　但是有一天，同一个客户方的另一个人告诉A先生，B先生只是把给A先生的报价错报为60万日元，因为害怕上司发火，这才压低了A先生的酬金。

　　得知真相的A先生强压怒火，心平气和地询问B先生，能否以其他方式如约支付80万日元。

　　不承想B先生反将一军，甚至说他之所以压价是因为

A先生的做工粗糙，只值这个价。

A先生大为震惊，大吼了一声"话没有这样说的，总之请把80万付给我"，便愤然离席。

在这个故事中，过错方显然是B先生，A先生则是受害者。

而A先生在发火以后，也禁不住反思自己"我那样大喊大叫是不是做得有点过分""也许应该换一种方式好好说说"。他还担心这一次惹怒对方，影响后续的合作。

在日本举行培训班和研讨会时，我听到不少类似A先生的故事。

当然，你也可以选择不像A先生那样强势，但也未必能拿回80万日元的酬劳。充其量也就是保证以后还有机会继续合作。

而最坏的情况就是不论你怎么坚持，对方也只给你60万日元，然后双方一拍两散，再无合作。

当然，还有一种情况，那就是你为了日后还能合作，选择忍气吞声全盘接受。后果就是对方试探到了你的底线，后续合作时会直接把酬金压到60万日元。

哪个选择是正确的？

我认为上述选择都不正确。

无论是哪个选择，都是在后悔和反省。

人生中没有正确答案的选择题太多太多。

而且现实中都是单选题，我们只能选择其中一个选项。

因此，无论愤怒与否，你都只能坚信自己做出的就是正确的选择。

然而，有火发不出的人往往会过分反思自己的愤怒，或是为之懊恼内疚。

与其为自己选择的道路感到后悔自责，不如想想怎样才能让自己选择的道路看起来更加正确。

无论是工作还是生活，你总会遇到让你退无可退的事情，而这些事情难免伴随着愤怒。

这时，如果你过度反省、后悔自己做出的愤怒的决定，就很可能导致自我否定。没有人能在自我否定中成功。

与其后悔、反省，为什么不拿出更多的时间，来证明自己做出的是最好的选择呢？

发火更好还是不发火更好，对很多事情来说都没有正确答案。

因此，发火之后没必要过度反省。

「怒り」を生かす 実践アンガーマネジメント

第 5 章

8个好习惯助你成为
善用愤怒的人

重视愤怒的原则性

本田公司创始人、知名企业家本田宗一郎以为人严厉著称，动辄大发雷霆。据说他发起火来甚至会拳打脚踢，扔东西砸人，当然这些情况也要考虑一定的时代背景。

但是这并不妨碍他深受下属和生意伙伴的尊敬。

这是为什么呢？

我认为是因为本田先生的愤怒具有原则性。

本田先生对两件事情尤为严格，一是安全，二是技术。

这当然可以理解。毕竟本田是一家生产摩托车、汽车等交通工具的公司，其产品哪怕出现一点问题，都事关消费者的生命安全。零差错也可以说是他们的企业信条。

技术水平高低是影响销量的重要因素，堪称企业的生命线。经营者展现重视技术的姿态，有助于减少偷工减料，推动技术水平提高。

只在原则范围内发火，而非所有事情都一惊一乍。

本田先生让我认识到了这一点的重要性。

不仅是企业，家庭教育也是一样。

父母管教孩子时也要遵循一定的原则。

比方说，父母的育儿原则是必须严格遵守见人打招呼、学会说谢谢等礼貌要求，而孩子出现忘带作业、晚归等其他情况，父母也不会冲孩子乱发脾气。这样就算遭到父母的严厉批评，孩子也能够给予理解。

愤怒一定要有原则。

原则范围之外的事情都可以大事化小，小事化了。

发火讲求原则，才能成为人们心目中有定力、有威信的人。

如果你想成为一个善用愤怒的人，那么首先要看一看自己是不是一个有原则的人。

有威信、受人尊敬的人都

很讲究原则。

尽量不在原则范围之外生

无谓的气。

扪心自问，连一场争执都经不起的关系还有必要维系吗？

即使你的愤怒有理有据，你也认真地表达了自己的感受，可还是会有人不理解你。

就算是同一天出生，在相同环境中长大的双胞胎，也会因为缺乏了解而争吵，更不用说陌生人了，意见相左、分歧误解更是常态。争执难免会造成关系破裂。好聚好散，不必太过在意。

相信不只有我一个人，很多人应该都有由于愤怒争执而导致关系疏远、隔阂的经历。

遇到这种情况，你也许会感到沮丧和懊悔。

但是，请你扪心自问：

"这段关系连你发的一通脾气都经受不住，那么它本身又能有多重要呢？"

如果对方只是因为你坦率地表达情绪，事出有因而非无理取闹地表达愤怒，就和你渐行渐远，那不妨就随他去吧。

秉承这一思路，我们也可以对自己生命中的过客做一次取舍。

舍弃一个合不来的人，自然会有一个兴味相投的人填补他的位置。

正所谓有舍才有得。

当你终于不用再和合不来的人浪费时间，愉悦回归悠然的生活时，志同道合的人便会突然出现在你的面前。

每个善用愤怒的人都很擅长做这种取舍。

他们不会乱发脾气，正因为如此，如果有人在他们认真表达愤怒之后离开了他们，他们也不会将那些人放在心上。

　　能够认清这一点，对整个人生而言都有着非凡的意义。

不要畏惧必要的冲突。

就算是同一天出生，在相同环境中长大的双胞胎也会因为缺乏了解而争吵。

讨厌就是讨厌，让愤怒返璞归真

你身边有没有这样一类人，他们脾气暴躁，但是不惹人讨厌？

我身边就有。经过一番思考，我找到了原因所在。

如果要从艺人当中找一位这样的人，我认为当数蛭子能收。

在看蛭子能收的电视节目时，我发现他经常因为一些小事火冒三丈，但并不是那么令人反感，至少我是这种感觉。

我认为这是因为蛭子先生的愤怒有一种孩子气的爱憎分明。

蛭子先生从不会标榜自己路见不平一声吼，他生气的理由就像小孩子一样，都很简单。

比方说他想早点吃饭，可是店员絮叨个没完；他都困了，可是拍摄还没有结束；妨碍他做他喜欢的事情了。

换作是其他成年人，遇到类似情况都会选择忍耐，以免在旁人眼中显得幼稚，蛭子先生却把内心的感受直接表达了出来。

那些单纯、坦诚地表达自己诉求的人都很讨人喜欢，因为他们做出了其他人想做却不敢做的事。

他们像孩子一样忘情地游戏，像孩子一样欢呼雀跃，像孩子一样沉浸在书中，像孩子一样伤心落泪。

也像孩子一样表达愤怒——讨厌就是讨厌。

这种态度便是一个人脾气暴躁却不让人讨厌的重要原因。

这种人会用愤怒教训那些让他们不高兴的人。他们不会忍气吞声后把气撒在别人身上，也不会让怒气积聚，损害自身健康。他们的怒火来得快，去得更快。

他们爱憎分明，所以也理解他人的好恶。

我觉得，一个善用愤怒的人，也应该有孩子那样返璞归真的一面。不要因为幼稚就选择忍耐，偶尔也要像孩子那样坦率地表达情绪。

即使没有正当理由，也要仗义执言

我在讲座和研讨会上发言时，有时谈到漫画《海贼王》(集英社)。

这是因为少年漫画中的愤怒总是很容易激发共鸣。

那么少年漫画中的愤怒究竟是怎样一种愤怒呢？

那就是不在乎是否合理，更看重有没有为朋友两肋插刀。

给不熟悉《海贼王》的读者朋友们简单介绍一下这部漫画。《海贼王》讲述的是主人公路飞为了成为海贼王，与同伴们共同踏上冒险之旅的故事。

主人公路飞是海盗船长，平时有些吊儿郎当。虽然身为海盗，但他性格开朗，爱说爱笑。

不过，他会为了同伴而发火。当有人嘲笑全力以赴的同伴，当同伴身陷险境，路飞都会暴跳如雷。

回过头来审视一下我们自己。

"你会为了你的另一半向别人发火吗？"

"你会为了同事向别人发火吗？"

"你会为了下属向别人发火吗？"

请静静地思考片刻。

想必很多人只有在有合理的理由时，才会挺身而出为身边的人发火，其他时候则不会这样做。

然而有些时候，无论有没有正当理由，我们都应该用愤怒这种形式支持同伴。

为伙伴仗义执言意味着我坚定地站在你这一边。

举例来说，有一家不足100人的小型家族企业。一个十余年来从A先生和B先生刚入职时就悉心指导他们的老上级，突然遭受不公正的待遇，即将被赶出管理层。

A先生愤愤地说："这是什么垃圾公司！他去哪儿我

去哪儿！"表示要和老上级同进同退。

B先生却说："我可不想卷进公司的权力斗争。老领导确实很照顾我，可是我也有自己的生活。"明确表示自己要留在公司。

很难评判他们孰是孰非。从有家室的人或商务人士的角度来看，B先生的态度更为冷静和理智。

不过，如果说到人的情义……显然A先生会赢得更多人的支持。

因为他为悉心指导自己、有恩于自己的上司（同事）发了脾气。

乍一看，克制愤怒、冷静分析个人生活和职场状况的B先生像是一个善用愤怒的人。

但是从长远来看，或者是从情义无价这个角度来看，仗义执言的A先生无疑是一个更出色的善用愤怒的人。

要重视为亲近的人仗义执言。

无所谓合理的理由，只要是在关键时刻挺身而出，这种敢于为同伴两肋插刀的态度就能够赢得别人好感。

要有不可逾越的底线

还记得太宰治的名作《奔跑吧，梅勒斯！》的开篇吗？

"梅勒斯勃然大怒。他下定决心，誓要铲除那老奸巨猾、暴虐成性的国王。梅勒斯不通政治之道。他只是村里一个小小的牧羊人，每日以吹笛为乐，以牧羊为生。然而，对于邪恶，他却有着超乎常人的洞察力。"

因为教科书也收录了这部《奔跑吧，梅勒斯！》，所以应该很多人都对此耳熟能详。

这个故事公认的中心思想是友谊的意义、信任、心灵的脆弱与坚韧。但是在我看来，它讴歌了发自心底的愤怒。

梅勒斯虽然不懂政治，但是对邪恶非常敏感。

梅勒斯讲不出冠冕堂皇的大道理，但是他为了捍卫"不能欺凌弱小""不能肆意怀疑惩罚别人"这些生而为人就理应遵循的简单却又意义非凡的真理，挺身而出，勇于表达自己的愤怒。这是我从《奔跑吧，梅勒斯！》当中学到的。

一个善用愤怒的人，在对人而言意义非凡的真理遭受侵害的时候，要能够毅然决然地说不。

比方说，有人饱受上司严重的职场霸凌，有人误入血汗工厂当牛做马却收入微薄，有人遭到配偶、父母等家人言语羞辱，这些人怎能不从心底燃起愤怒的火焰。

善用愤怒的人不会因为控诉改变不了现实而退缩，不会因为周围人异样的眼光或者格格不入的环境而屈服。

印度圣雄甘地说过这样一句话：

从内心深处发出的一声"不"，远远好过为了取悦对方，甚至是为了避免麻烦而说出的一声"是"。

每个人的心底都应当有一条不可逾越的底线。

　　一旦某人某事突破了这条底线，我们就要释放真正的怒火，释放发自心底的怒火。

　　这对人生有着无比重要的意义。

有些事情非愤怒不可。

对于突破我们底线的人，一定要能

够释放真正的、发自心底的怒火。

舍弃多余的欲望

　　有一次在一家餐厅用餐，正餐完毕是甜点，甜点之后又吃了饼干。

　　这一刻，我恍然大悟。

　　我本来已经吃饱了，但是当甜点和饼干被送到我的面前时，我虽然没有什么食欲，但还是稀里糊涂地吃了下去。

　　然后我问了自己一个很质朴的问题："为什么我会吃掉根本不想吃的东西？"

　　对于不想吃的东西，我完全可以直接拒绝，但后来还是吃了下去，而这只是因为拒绝也没有用、不吃也会浪费。

最后我还会埋怨自己——果然不该吃，胃胀得难受，我这还正在减肥呢。

这次经历引发了我的思考。仔细想想，世界上有很多东西是我误以为自己想要的。更糟糕的是，我们常常因为得不到这些东西而感到焦躁不安。

这世界上无时无刻不充斥着各种诱惑。

"你没穿最时兴的衣服？"

"奥运会就要来了，你为什么不住在湾区？"

"以你的身份地位，不买一辆好车吗？"

"不去一所好一点的学校吗？这样你的人生会更精彩。"

可是，你真的想要穿新潮的衣服，住湾区的公寓，开高档车，上好学校吗？

如果你并不是真的想要这些，只是莫名其妙地认为它们是成功的象征，偏执地认为拥有它们就会变得幸福，结果你却因为没有得到它们而感到焦虑，这岂不是本末倒置了吗？

如果你不想住在所谓梦想中的海滨公寓，那就没必要去住。

你不必为了所谓人生会更加精彩，就去那所不想去的学校。

Facebook 的创始人马克·扎克伯格赚取了亿万家资，但他似乎与豪车、名牌服装没有任何交集。他的态度是再有钱也不要自己不想要的东西。

究竟想要什么？

究竟想做什么？

善用愤怒的人对这两个问题应该是心中有数。

正因为他们充分了解自己的欲望，所以才能够掌控自己的欲望。

愤怒产生的原因之一，便是欲望得不到满足。

请把你的愤怒，限定在你真正的欲望的范围之内。

只有实现这种生活方式的人，才能被称为善用愤怒的人。

究竟想要什么？

究竟想做什么？

用心思考这两个问题，你的焦虑

情绪自然会渐渐消退。

不要被消极情绪过度影响，要勇于及时止损

　　说到被愤怒掌控的人，你觉得这类人群最典型的特征是什么？

　　我觉得不是被愤怒冲昏头脑，始终在原地踏步，而是每时每刻都暴躁不安，总是为无关紧要的事情发火。

　　举例来说，假设A先生和B先生在大学毕业后进入一家公司，遇到一个糟糕的上司，饱受职场霸凌。这人不是嘲讽他们一无是处，就是对他们使用废物、白痴之类侮辱性的称呼。他心情不好的时候，甚至会在会议室里一口气骂上两三个小时。

A先生在不知道是第几次被上司训斥"你这种东西赶紧走人吧"的时候，终于忍无可忍，怒喝一声"老子不干了"，当即辞职走人。在朋友面前，他也怒气冲冲地控诉了一番自己对上司的不满，忧愁一扫而空。没过多久，他便入职了新的公司，他在新公司干得很舒心，不过问起霸凌的问题，他也会笑吟吟地回答说"这家公司也是一样的"。

再看B先生，在上司对他说了几十次"你这种东西赶紧走人吧"之后，他的心态终于崩溃了，第二天就递交了辞呈离开了公司。从那以后，他变得害怕见人，最后发展为抑郁症。

病情稍有好转后，B先生开始四处求职，但由于他担心再遇到一个可怕的上司，求职之路很不顺利。虽然最后找到了新的工作，可是别人对他稍微严厉一点，他就会想起之前那个上司，惊恐万状，不敢去公司。

十年之后，A先生的事业顺风顺水，当年的遭遇仿佛没有发生过，他还结了婚，享受着幸福的人生。

而B先生仍在四处奔波，不仅工作越换越差，在节假日也不爱出门，一直单身，身边没什么朋友。每当遇到倒霉事，他依然会咬牙切齿地抱怨第一家公司的那个上司，认为是那个人造成了如今的局面。

请问，A先生和B先生谁的生活更加充实呢？

一个人如果被愤怒等负面情绪过度影响，那就有可能错失追求幸福生活的初衷，失去生命的意义。

人生路漫漫，难免遇人不淑，有时候是像那个上司一样的人渣，有时候是一段让你伤心欲绝的感情，甚至还有可能被卷入违法犯罪的深渊。

遇到这种情况，你心底一定会有一个愤怒、怨恨的对象。这是人之常情。

可是，如果你深陷这种情绪不能自拔，那么你就是在浪费生命。

即使你心里翻滚着仇恨的波涛，也要学会及时止损。

就算你发誓永远也不会放过他，你也无法改变他人和过往。

而且复仇、以牙还牙之类的情绪并没有什么积极正向的作用。

在某个阶段，你必须承认自己运气太差、失败了、时运不济，然后果断放弃，下定决心向前看。

想一想怎样利用这种愤怒让自己的生活更幸福。

我们要立足于人生这一漫长的跨度审视愤怒管理，鼓起勇气及时遏制愤怒。

如果你不肯放下憎恨与抱怨，你将错失创造幸福生活的宝贵机遇。要勇于及时止损。

生气还是不生气，答案在你心中

生气的人过得更好，还是不生气的人过得更好？前文也谈到过，实话实说，关于这个问题，我真的不知道正确的答案。

然而，在本书行将结束的时候，我可以告诉大家近乎真理的一句话。

这便是愤怒是好是坏，取决于你想实现怎样的人生。

我在一家著名寿司店就餐时领悟到了这个道理。

在寿司界，很多师傅都非常严厉，对后辈和学徒又喊又骂。

他们之所以这样，既是因为必须为客人提供美味的寿司的职业操守，也是因为要把这一门从前人继承而来的技术、这一身打磨锤炼的本领，传承给后人的使命感。

自己心中无可撼动的使命感使然。

他所有的愤怒和严厉，都源于这个信念。

假设读过这本书的你，怀揣着让自己的公司发展壮大、帮助饥寒交迫的人们、继承发扬传统文化等各种各样的梦想，那么为了实现梦想，或许有些时候你不可避免地要选择愤怒。

换句话说，有些时候只有愤怒这种表达方式才能帮你渡过难关。

我在本书的前言部分将愤怒管理称为正确处理愤怒情绪的心理训练，也可以称其为正确分配怒气的技巧。

正确分配当中的正确因人而异。

关于分配多少分量的愤怒，每个人都有自己的分法。

因此，想要成为一个善用愤怒的人，你就要学会自己决定是生气还是不生气。

可以说，答案就在你自己心里。

愤怒的分配取决于你想实现怎样的人生。

答案就在你自己心里。

结语

那是我初三时候的事情，当时，父亲由于我的学习和其他一些事情对我很不满意。

我觉得自己的成绩算不上多差，因而逆反心理相当严重。这让父亲更加怒不可遏，我们也陷入愤怒的恶性循环之中。

那段时间我满脑子都是"这个家我一天也待不下去了""我真希望自己没有这样的父母""唉，我要是生在别人家就好了"之类的想法。

果不其然，我中考落榜了，但说实话，我并不觉得后悔。我记得父母期望落空，反倒让我产生一种难以名状的满足感。当然，未能在学业上更进一步的后果终究还是要由我独自承担……

去公司上班以后，我依然如故，当老板训斥我，我会愤愤不平地说"我不能待在这种不可理喻的上司手下"，当我和其他部门沟通不畅，我会抱怨"跟这帮家伙在一起简直是白费工夫"。

我每时每刻都在抱怨环境，没有一种环境能让我满意。

我把一切不顺心的遭遇都归咎于他人和环境，每一天都是满腔怒火。

那时候，我是一个典型的被愤怒掌控的人。

32岁那年，我学习并开始实践愤怒管理，是它改变了我。

因此，我发自内心地感谢愤怒管理。

当然，时至今日，仍然很多事情会让我感到气愤和焦虑。

比方说，采访过程中对方向我抛来一个荒唐的问题，我便很是恼火，心想，采访之前你就不能好好搜集一下资料吗？

不过，生气归生气，这并不意味着我必须对他们恶语相向。

假设我带着一份很出色的提案，想要与一家公司达成合作，可是他们拒绝了我，曾经的我可能会感到懊恼。

但是现在我会充分利用这种愤怒，激励自己将提案做出价值，让对方主动与我合作。

面对同一种愤怒，现在的我会采取与过去截然不同的行动。

而且我可以自信地说，这显著改善了我的生活。

因此，我衷心希望这本书能够给你一些启发，助你成为善用愤怒的人。

2016年3月

安藤俊介